ゲームの衣装デザイン
歴史・文化から物語をつくる

■ ご注意
本書は著作権上の保護を受けています。論評目的の抜粋や引用を除いて、著作権者および出版社の承諾なしに複写することはできません。本書やその一部の複写作成は個人使用目的以外のいかなる理由であれ、著作権法違反になります。

■ 責任と保証の制限
本書の著者、翻訳者、編集者および出版社は、本書を作成するにあたり最大限の努力をしました。但し、本書の内容に関して明示、非明示に関わらず、いかなる保証も致しません。本書の内容、それによって得られた成果の利用に関して、または、その結果として生じた偶発的、間接的損傷に関して一切の責任を負いません。

■ 商標
その他の本書に記載されている製品名、会社名は、それぞれ各社の登録商標又は商標です。本書では、商標を所有する会社や組織の一覧を明示すること、または商標名を記載するたびに商標記号を挿入することは特別な場合を除き行っていません。本書は、商標名を編集上の目的だけで使用しています。商標所有者の利益は厳守されており、商標の権利を侵害する意図は全くありません。

ゲームの衣装デザイン
歴史・文化から物語をつくる

COSTUME DESIGN FOR VIDEO GAMES 日本語版

Sandy Appleoff Lyons 著

目次

謝辞

ラグーナ・カレッジ・オブ・アート＆デザイン（LCAD）でゲームアートの専攻科目を作成してから13年が過ぎたなど、とても信じられません。演劇の衣装、舞台、照明デザイン（舞台美術）の美術学修士号（MFA）を取得していた当時の私は、「仮想世界」と「舞台に作られる立体的な架空世界」の間に相関性を見い出していました。私がゲーム制作の世界に足を踏み入れたのは2006年のことでした。

教師なら誰でも知っているように、教えるという行為は相互プロセスなので、クラスで教えたことはそのまま自分に返ってきます。私は学校やアート業界の仕事を通じて学んだのと同じくらい（あるいはそれ以上に）、同僚や学生たちからいろいろなことを学びました。

ゲームアートの美術学士過程が試行された当初、ラグーナ・カレッジ・オブ・アート＆デザインの既存の有名専攻科目から恩恵を受けました。それらの科目は、ゲームアートの専攻科目を構築する上で支柱となりました。

また近隣のゲーム産業も、ゲームアートの専攻科目を温かく歓迎してくれました。短期間で多くのことを学ばせてもらえただけでなく、刺激的で才能がある人、優しくて思いやりがある人、やる気に満ちた人たちと出会うこともできました。

ここでは、新設の専攻科目を苦労しながらも乗り越え、今では盛況なゲーム業界の一員となった初期の学生たちに感謝の意を表します。そして、優秀な講師陣を擁する専攻科目へ発展したあとに入った学生たちにも感謝を伝えたいです。本書でその作品を紹介できることを光栄に思います。

文章を執筆してくれた方々、まずJaime Staggにお礼を述べたいと思います。彼女の優しい笑顔はクラスの雰囲気を変え、その作品は周囲の人々のインスピレーションとなりました。Jaimeが寄稿してくれた文章は8章に掲載されています。

Anna Sakoi。その落ち着いた態度にふさわしく、彼女は取り組んだあらゆるプロジェクトにおいて、正確さと優秀さを発揮してくれました。言葉でなく行動によってリードしてくれた彼女に感謝しています。Annaが寄稿してくれた文章は8章に掲載されています。

また、本書に作品を掲載させてくれたすべての学生に深く感謝します。

Jennifer Martinez Wormser。彼女はその前向きな姿勢で1日をガラッと変えることのできる美しい女性です。Jenniferが「アート オブ コスチューム」クラスのリサーチを手助けしてくれたので、学生のリサーチスキルに磨きがかかりました。Jenniferが寄稿してくれた文章は7章に掲載されています。

私の同僚で良き友でもあるLou Police。彼の思慮深いサポートと優しさに感謝の気持ちでいっぱいです。その道の達人であるLouが寄稿してくれた文章は、3章に掲載されています。

本書を、友人であり、同僚であり、指導者であり、現在は上司でもあるGavin Richに捧げます。あなたがいなければ、この本は実現しなかったでしょう。Gavinが寄稿してくれた文章は1章に掲載されています。

私は教師の家系の出身です。同じく教師で従姉妹のMarcia Schwartzに感謝します。彼女は作家であり、元英語教師でもあるので、文法の細部にまで目配りのできる人です。私が不安な気持ちで入稿の準備をしていたとき、Marciaは仕上げをしてくれました。

本書はゲームや映画の衣装デザインに関連しています。この内容に価値を見いだし、専門知識を習得して、独自のリサーチおよび問題解決に役立ててもらえると嬉しいです。

はじめに

幼い頃、両親やその友人（地元のカレッジの学長もいました）と食卓を囲み、「人間が学習した情報を処理および保持する方法」について話し合ったことを覚えています。私はこの原体験を基に、視覚・聴覚・運動の3つ（あるいは、それらの組み合わせ）によって、自分が寝ていた授業、得意だった授業、そしてこれまで教えてきたすべての授業を分析しました。「アート オブ コスチューム」クラスの教育理論は、私がラグーナ・カレッジ・オブ・アート＆デザイン（LCAD）でゲームアート専攻の学科長をしているときに開発したもので、あらゆる機会を組み合わせた思慮深いアプローチです。その目的は、学生一人ひとりの学習速度に合わせてクリエイティブな問題解決プロセスを開発し、教材に価値を生み出すことです。

学部生の頃の私は、（現在では簡単に手に入る）情報をカンザス大学のマイクロフィッシュ図書館で寄り目になりながら探していました。一方で、今日の私たちはコンピュータとますます共生するようになり、それらを頼ってファクト（事実）を記憶しています。こうして、一連の新しい接続性や関係性を構築し、情報を処理しているのです。確かにテクノロジーはリサーチ力を高めてくれるでしょう。しかし、クリエイティブな問題解決力や基礎的なドローイング／デザインのスキルの代替にはなりません。あなたの課題は、ドローイング、デザイン、そしてリサーチ力と同じレベルまで、頭脳（そして問題解決力）に磨きをかけることです。

テクノロジーを駆使したクローズド ループ アプローチによって、脳のネットワークを選択的に活性化させることができます（それが脳の仕組みです）。その後、インタラクティブな課題を通じてそのネットワークに一定の圧力をかけ、脳の可塑性（よく使われるニューロンの回路の処理効率を高め、使われない回路の効率を下げること）を促進し、時間とともにその機能を最適化します。

『The Cognition Crisis』Adam Gazzaley著（医師、医学博士）

私は「運動と視覚を使った情報収集」が、情報を保持する最適な方法の1つだと思っています。描いたことは記憶されます。その学習法はたくさんあるので、あなたのモチベーションを高める手助けができればと思っています。急速な情報社会に発展してきた中で、私たちは学んだことを記憶せずに、補助的なデバイスを利用して記憶するようになりました。これはデザインを行うときのメリットにもデメリットにもなります。スタイルシート／スタイルバイブル／スタイルガイドを通じてデザインのコンテクスト（文脈）を構築すれば、観客を現実や空想の世界に没頭させ、不信感を抱かせないようにするための土台となるでしょう。本書の目的の1つは、**「物語を重視したナラティブを通じて、エジプトから北方ルネサンスまでの西洋の服飾と、その基本概要を説明すること」**です。これにより、デザインの参考となるコンテクストを得られるでしょう。

歴史的な衣装デザインにおいて、私たちは常に共通点・類似点・相違点を探しています。本書の最終目標は、「**別のクリエイティブな問題解決プロセスや、独自の学習法を生み出すこと**」です。こうしたスキルを身につけるには、利用可能な新旧のリサーチと情報を用いて体系化されていない問題を解決し、独自のスタイルで味付けする必要があります。

この分野の専門知識やスキルセットを身につけたいなら、それを「個人的に意味のあるもの」にする方法を見つけなければいけません。自分の中で深い意味を見いだせれば、本書で紹介する歴史や技法をすぐに思い出せるようになるでしょう。私のクラスでは、「**作品に熱中し、それから取り組みなさい**」というハワード・パイル（イラストレーター）の言葉をよく引用してきました。時間をかけて取り組むのなら、今までのどんなことよりもうまくやり、ぜひマスターして自分のものにしてください。努力を重ねれば重ねるほど、より多くのものを得られるでしょう。

「想像力」は情熱を持続させるための重要なツールであり、私たちは皆、クリエイティブプロセスで使えるシステムや、デザインの問題を解決する術を持っています。これから「不死者（イモータル）」というプロジェクトに取り組んでもらいます。これは、時間を移動し、異文化間のデザインを考察する際の学習ツールです。「不死者」は私たちの物語の登場人物で、いろいろな選択をします。それは、小柄／長身／細身／部分的にエイリアン／大きな腰／紫の水玉模様といった特徴を持つ者です。このような個性によって、見る人はそれに関連する物語やキャラクター開発に共感できるようになります。生徒であるあなたは人形遣いとなり、不死のキャラクターを操って、過去の歴史や時間の制約を受けない新しい衣装デザインへと組み合わせていきます（**図0.1**）。

図0.1
「不死者」の例（eronica Liwski）

これから本書を教科書（独学用の教本）にして歴史的衣装の理解を深め、インターネット検索の域を越えてリサーチスキルを磨き、独自プロセスを開発するための方法論を学んでいきます。それは歴史に基づいた衣装デザインや、2つの文化の掛け合わせによるオリジナルデザインを作るためのプロセスです。学習を終える頃には、衣装の歴史的背景を理解するだけでなく、スタイルシート／キャラクター レイアウトシート／制作ツールを作成して得た知識をわかりやすく、視覚的にインパクトのある形で伝えられるようになるでしょう。そして、ゲーム／実写／エクステンデッド リアリティ（XR）など、キャラクターを活用したあらゆるエンターテインメント媒体の制作プロセスに欠かせない、デザインを細部まで考える能力が身につきます。

歴史的な章ごとにスタイルシートを描くこと、すなわち動的・視覚的インプットは、情報を長期記憶に保存するのに役立ちます。実際に心と体はつながっています。何年もドローイングをしてきた人であれば、ドローイングスキルに「マッスルメモリー」が関連していることをご存知でしょう。まず、学習可能な構成要素に分解し、認知的負荷を調整しましょう。

本書は、「情報の章」「ハウツーの章」「歴史の章」に分かれています。

情報の章やインサートは独立した内容で、クリエイティブ パイプラインに関する一般知識を紹介します。

ハウツーの章は、スキルセットに磨きをかけるための補助教材です。ここでは、すぐに使える高品質な最終イメージを生み出すのに役立つ知識を紹介します。

歴史の章は、服飾史やキャラクター開発、そしてその時代の衣装に影響を与えた文化的・技術的進歩を理解するための学習ツールになっています。

私が創作した2人の不死者の物語によって、時間を旅しながらキャラクター開発の理解を深めましょう。衣装を着ているキャラクターと、存在している世界・時間との関係を理解することは、真実味を生み出し、不信感を払拭する上でとても重要です。私が考えた物語とは別に、その時代の衣装ごとに「コールアウト」も用意しました（本書では「コールアウト」という言葉がしばしば登場し、あなたが作成するであろうスタイルシートにも使うことになるでしょう）。本書にはLCADの「アート オブ コスチューム」クラスの学生たちが2008年〜現在までに制作したイラストが多数含まれています。その大部分は、彼らが毎週作成した「スタイルシート」をベースにしています（**図0.2**）。

あなたへの課題は、歴史の各章に合わせて自分自身のシートを作成することです。その時代の衣装の背景にある歴史を理解し、覚えるべき情報を動的に描くことによって、記憶に刻み込めるでしょう。アートディレクター、アートチーム、モデラー、あるいはプロデューサーなどと仕事をするときに、たくさんの情報を一目でわかるように伝える能力は、非常に優れたスキルです。さらに言えば、デザインしている衣装に関して、その時代の話ができればより望ましいでしょう。もし忘れたとしても、手元に自分用のタイムカプセル（スケッチ）があれば、すぐに活用できます。

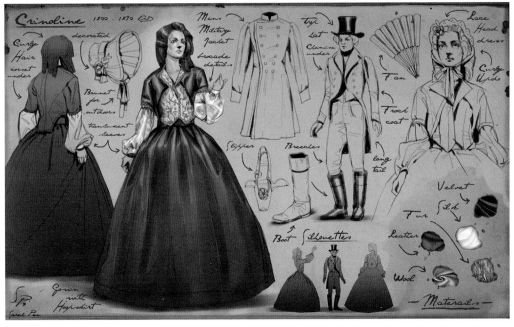

図0.2
スタイルシートの例（Sarah Pan）

著者

Sandy Appleoff Lyons はネブラスカ州フォールズ シティで生まれ育ち、現在は夫のTim、ラブラドールレドリバーのCoco Chanelと一緒に暮らしています。

Sandyが教師としてキャリアを歩み始めたのは1983年です。Hallmark Cards社でフルタイムの仕事をしながら、カンザスシティ美術大学でファッション イラストレーションのコースを教えました。その後、彼女は仕事の中で教育への思い入れが強くなっていき、若い学生たちがキャリアを実現できるように手助けし、ヒントを伝えたいと思うようになりました。

カンザス大学で演劇の衣装、舞台、照明デザイン（舞台美術）の美術学修士号を取得したあと、その経歴はすぐに舞台からゲームデザインの仮想世界へ移ります。今はラグーナ・カレッジ・オブ・アート＆デザイン（LCAD）で、ゲームアートの美術学修士課程の学科長を務めています。

寄稿者

Lou Police は 1978年にカリフォルニア州パサデナのアートセンター・カレッジ・オブ・デザインで美術学士号を取得しました。彼に最も影響を与えた指導者は、Harry Carmean、Gregory Weir-Quiton、Vern Wilson、Kathy Wirch、Ward Kimball、Herb Ryman、そしてJohn Asaroです。

フリーランスの仕事に、映画のポスターデザイン、書籍／雑誌のイラスト、広告のストーリーボードやコンペ、ファッションのイラスト、マットペイント、実写のプロダクションアートが含まれます。クライアントにはTony Seiniger、TV Guide、ロサンゼルス・タイムズ、ILM、Introvision Systemsなど。過去に働いたアニメーション会社は、Ralph Bakshi Animation、Richard Williams Animation in Los Angels、DIC、Warner Bros. Television、Warner Bros. Feature、Walt Disney Television、Disney Toon Studios、Walt Disney Feature、Foxで、キャラクターデザイン、背景デザイン、背景ペインティング、ストーリーボード、ビジュアルデベロップメント、アートディレクションを担当しました。

また、アートセンター・カレッジ・オブ・デザイン、カリフォルニア芸術大学、ラグーナ・カレッジ・オブ・アート＆デザイン、ウッドベリー大学、ファッション・インスティテュート・オブ・デザイン＆マーチャンダイジングで教員経験があり、西洋をテーマにしたファインアートギャラリーの作品は、アリゾナ州スコッツデールとワイオミング州ジャクソンホールのTrailside Galleriesで展示されました。

現在はパサデナのアートセンター・カレッジ・オブ・デザイン、ラグナ ビーチのラグーナ・カレッジ・オブ・アート＆デザインで教鞭をとっています。

Gavin Richは、ゲームアーティスト／ゲームデザイナー／ゲーム インストラクターです。ゲーム業界で15年間にわたり、AAAのアクションゲームからキュートなモバイルプロジェクトに至るまで、さまざまなプロジェクトに携わりました。当初はコンセプトやキャラクターモデリングに特化していたものの、その後、開発プロセス全体に夢中になり、自分自身のプロジェクトを実現するためにラグーナ・カレッジ・オブ・アート＆デザイン（LCAD）で美術学修士号（MFA）を取得しました。

現在はLCADでゲームアートの学科長を務め、お気に入りのアーティストたちの制作を手伝っています。北カリフォルニアのレッドウッドで育った彼は、自然への愛情と明るい未来に希望を持ち、それは作品の至る所に見られます。最新のプロジェクトは、公園の散策コースを清掃するロボットに関するものです（Unityで作成）。

Anna SakoiはSuper Evil Megacorpのリード 3Dアーティストで、『Vainglory』のヒーローやクリーチャーの開発に取り組んでいます。彼女は2014年にラグーナ・カレッジ・オブ・アート＆デザインでゲームアートの美術学修士号（副専攻：彫刻）を取得しました。ゲームキャラクター以外では、3Dプリントや伝統的な彫刻に取り組み、余暇は飼い猫やウサギと一緒に過ごす時間を楽しんでいます。彼女のポートフォリオは、www.artstation.com/annasakoiで確認できます。

Jaime Staggはハズブロのフリーランス 3Dデザイナーとして、カリフォルニア州アーバインの自宅スタジオで働いています。彼女は2014年にラグーナ・カレッジ・オブ・アート＆デザインで3Dキャラクターに重点を置いたゲームアートの美術学修士号（副専攻：彫刻）を取得しました。Jaimeが制作したブロンズ像はLCADの常設展示室に展示され、2014年のJuried Student展覧会やバークリーのuBe Art Galleryでも作品が披露されています。現在はデザイナーズトイ、彫刻、衣装に情熱を注いでいます。アート以外の趣味は、旅行、美味しい抹茶を点てる練習、そして愛犬のMikaと遊ぶことです。

Jennifer Martinez Wormserは、スクリップス・カレッジのElla Strong Denison Libraryで図書館長を務めています。現職に就く前はラグーナ・カレッジ・オブ・アート＆デザインで図書館長を9年務め、カリフォルニア大学ロサンゼルス校（UCLA）、サンディエゴ州立大学、Huntington Library、Sherman Library & Gardensで原稿やアーカイブ資料を扱ってきました。また、2004〜2005年のSociety of California Archivistsの会長に選ばれ、2005〜2010年はCalifornia Historical Resources Advisory Boardのメンバーを務めました。2006〜2009年はサンノゼ州立大学の図書館情報学大学院で文書館学のコースを担当し、ラグーナ・カレッジ・オブ・アート＆デザインでは図書のアートと歴史に関するクラスを立ち上げ、受け持ちました。2017年にはElsa Loftisとともに開発したLinkeinラーニング（旧Lynda.com）のチュートリアル「Information Literacy（情報リテラシー）」で、他の図書館員と共に北アメリカ芸術図書館協会（ARLIS／NA）のWorldwide Books Award for Electronic Resourcesを受賞。スクリップス・カレッジで英語の学士号を取得し、メリーランド大学カレッジパーク校でアーカイブ管理に重点を置いた図書館学の修士号（MLS）を取得しました。

1章
ゲームの衣装のパイプライン

Gavin Rich

ゲームの衣装はキャラクターの目的を表します。そのキャラクターは善良ですか? それとも悪者ですか? 物語の後半で誰かを裏切りますか? 彼は冒険者ですか? 彼女は兵士ですか?

こういったストーリー要素は、キャラクターデザインの細かい要素を通じて示唆できるため、重要なノンプレイヤー キャラクター(NPC)のデザインでは細心の注意を払わなければいけません。では、プレイヤーキャラクターはどうですか? 成長とともに進化していく衣装や、その世界で個性を出すのに役立つ衣装はどのように作ればよいですか?

ゲームのキャラクターカスタマイズは重要な要素となり、制作におけるキャラクターのとらえ方を変えました。村人は一連の衣装からランダムに生成し、盗賊は衣装をいろいろ組み合わせ、独自スタイルやストーリーを感じさせることができます。このようなシステムを実現するには、ある程度の計画が必要です。すべてのアセットを作成するには多くの工数がかかりますが、うまくいけばプレイヤーに気に入ってもらえる没入感のある世界を構築できるでしょう。

カスタマイズに関しては2つの立場があります。1つは、「不自然になってもいいから、自由にカスタマイズさせる」という意見、もう1つは、「**キャラクターを常にその世界に溶け込ませるため、どの組み合わせでもデザインされた感じにする**」という意見です。私は後者の立場なので、本章ではこの2つめのテクニックに焦点を当てます。ただし、1つめの意見を否定するわけではありません。私はアニメキャラのマージ・シンプソンと俳優のクリストファー・ウォーケンを同じカスタマイズ画面で作成できるような、忠実さを持ったゲームで遊ぶのも大好きです。フルカスタマイズに関する内容は、ビジュアルデザインよりもプログラミングに関する書籍の方がしっくりくるでしょう。

説得力のあるキャラクターカスタマイズ パイプラインのセットアップは、朝に着る服を選ぶのと同様に考えてください。デザインで最も大切なのは、タスクの意図について適切な質問をすることです。昔、私はメンターの先輩に、「毎朝がキャラクターデザインの練習になる」と言われたことがあります。

> 今日は仕事に行きますか？
> 家でのんびり過ごしますか？
> 友人と出掛けますか？
> 結婚式に出席しますか？

どんな服装でも大抵クローゼットの中にありますが、結婚式に仕事着で行くことはありません。仕事に部屋着のスウェットで行くこともおそらくないでしょう。私たちは質問すべきことを直感的に知っているので、あとはデザインの意図を深く掘り下げるだけです。キャラクターの衣服をデザインするときに尋ねる質問も、自分自身の服装を選ぶときと同様に考えます。

> プレイヤーが実行する主なタスクは何ですか？
> その服装はゲームプレイに役立ちますか？
> 単に見映えのためのものですか？
> その衣装が叶えてくれる空想は何ですか？
> キャラクターが達成したマイルストーンは反映されていますか？
> その世界のある領域を象徴するものですか？

他にも質問すべきことはたくさんありますが、まず、この辺りから始めるとよいでしょう。答えが出れば、キャラクターに必要な服装のタイプもわかります。ではデザインを開始しましょう。

最初のステップは、「**制約**」をはっきりさせることです。キャラクターのカスタマイズにはどのようなテクニカルサポートがありますか？ もし、プロジェクトに専任のプログラマーが1〜2人いれば、実現できることの幅が大きく広がります。ここでは大半の使用例に焦点を当てるため、シンプルに考えましょう。

多くのゲームでは、カスタマイズ可能なパーツが3〜4つあります。主に帽子・コート・ズボンは交換可能なアイテムです。ズボンとブーツは別々なこともあれば、一緒になっていることもあるでしょう。一緒のセットアップだと技術面は容易になりますが、アートチームは対処の難しい問題に直面するかもしれません。

ロングコート（ベルトラインより下に長いもの）は使えますか？ もし使えるとしたら、かさばるベルトは使えますか？ デザイン上、使えるもの／使えないものに関する難しい判断を下すときがやってきます。うまくいけば、プレイヤーはあなたが制約に対処していることに気づかないでしょう。

しかし判断を間違えると、下のメッシュが決められた距離から余分にはみ出し、体の周囲で膨らんだり、浮き上がったりします。そうなると、制約の中でデザインし、想像力の限界に挑む代わりに、最悪のシナリオを想定しながら問題解決することを余儀なくされ、キャラクターのリアリティは失われていきます。そうならないためにも、早い段階でチームに参加してもらい、技術的な解決策がない限り、制約の範囲内で作業するようにしましょう。

デザイン上の制約が決まったら、いよいよ制作に進みます。プロセスを通じて作業をやりやすくするため、

私は以下の3つのヒントに焦点を当てています：

1. まず、カスタマイズ可能な体の部位の周囲に「**ボリューム**」や「**ケージ**」を作ります。このボリュームは、1つの衣装がはみ出せる最大距離を表しており、この地点を超えると、アニメーションでパーツ同士がぶつかります。こういったボリュームがあれば、アニメーターはプロダクションの初期段階で作業を始められます。

2. 2つめは、各パーツがスナップできる「**プロキシメッシュ**」のようなものを作ります。そうすれば、常に交点を整列させることができます。スタジオによって、スプラインを使ったりメッシュを使ったりしますが、各パーツのエッジは必ずその線にスナップさせましょう。これにより、タックインしたシャツは、パンツラインで挿入されているように見えます。個人的には人間のベースメッシュを色分けする方法が好きです。色のついたセクションでそれぞれ、パンツ・シャツ・ブーツ・手袋など衣服のタイプを表します。こうしてポリゴンエッジでいくつかの色に分けておけば、あとでその線にスナップできるので、うまく合わせられるでしょう。

3. 3つめは、服装をさまざまな体型に合わせて変形させるため、ベースメッシュに「**モーフターゲット**」をセットアップします。ゲーム内の体型に合わせてメッシュをスカルプティングし変更すれば、手作業で変更する代わりにモーフターゲットシステムで各体型を順に切り替えできるようになります。このプロセスをバッチシステムにすれば、ボタンを押すだけで自動化できるでしょう。キャラクタープロポーションの伸縮で生じるゆがみを最小限に抑えるため、通常は、中肉中背の体型に合わせて作成します。

セットアップできたら、実際に衣服の制作プロセスに入ります。ZBrushは今でもプロセス全体にわたり多用されていますが、ここ数年で新しく登場したプログラム Marvelous Designer が注目を集めています。これは、従来の型紙を使ったデザインのように、衣服をデジタルで制作できる素晴らしいシステムです。ファッション業界向けのプログラムなので、ゲームの衣装制作でも大きな成果が得られるでしょう。衣装デザイナーはデジタルで作業できるようになり、デジタルアーティストも現実世界の衣装を制作できるようになります。

最初に、DCCツールなどで3枚のシャツとズボンからなる衣服のセットを作ってみましょう。まず、制約をはっきりさせます。「**デザインとは制約の範囲内で作業すること**」なので、かっこいいと思うものをやみくもに作り始めないでください。

私が考えたゲームのテーマは、現代をハイキングする人々です。

カラーパレットは、典型的なアウトドアのウェア（チェック柄のシャツ・ジーンズ・ベスト・ジャケット）を想定していますが、あとで登山用品店やスポーツショップを意識した衣服のセットを作成するかもしれません。このように異なるテーマがあると、プレイヤーにゲームの中で行った場所を示し、その世界のいろいろなグループに感情移入させることができます。

シャツの裾をタックインすることもできますが、私はベルトの上にかかる可能性が高いと判断しました。この決定に伴い、ベルトに付けられる物も制限されます。もしベルトに何かを付けるなら、表面から1インチ以内の高さに抑え、シャツやジャケットが引っ掛からないようにします（このゲームにウエストポーチの出番はありません）。

次に、ズボンを表すベースメッシュのセクションを3回コピーします。1度に全体が見られるよう、私は大抵それらを横に移動させます。シャツも同様に操作し、胴体のコピーを3組用意します。

衣服に追加パーツが必要なら、この時点でブロッキングします。何を仕上げるべきかすぐわかるように、早い段階でできるだけ多くのものをブロッキングしておくとよいでしょう。トップスのうち、1枚はシャツ、1枚はジャケット、最後の1枚はベスト付きのジャケットにして、ボトムスには、ジーンズとスニーカー、ワークパンツとブーツ、ジーンズとブーツを用意します。パレットとコンセプトに合わせてメッシュをブロッキングし、ベースカラーも変更しておきます。

通常は、この段階でZBrushに移ります。私はZBrushにベースメッシュとケージを保存し、ベルトラインが一致していることと、アニメートの際にパーツ同士がぶつからないことを常に確認します。同じZBrushファイルで衣服のセットを制作している場合は、オン／オフを切り替えてさまざまな衣装の組み合わせを試すことができます。「服装同士の相性」「接続線上で整列していること」「ベースメッシュに接触していないこと」「距離を表すケージの範囲内にあること」を常に確認してください。

ここでは衣装に焦点を当てるため、ゲーム対応モデルの制作パイプラインについては割愛し、先に進めます。

衣装アセットができたら、プレイヤーがキャラクターの体型を変更できるようにしましょう。ベースメッシュをZBrushに移し、必要となるさまざまな体型にスカルプトしていきます。そして、これらのモデルをブレンドメッシュとしてリファレンスするため、DCCツールに再インポートします。そうすれば、元のベースメッシュはこれらの形を参照し、新しい体型に変更できるようになります。

すべての衣装アセットを選択し、ベースメッシュにスキニング（またはバインド）します。ブレンドシェイプを変形すると、衣装メッシュがベースメッシュとともに変形するようになります。このプロセスは自動化できますが、必ず自分のモデルを確認してください。自動化はメッシュに好ましくない影響（インフルエンス）を与えることがあるため、手作業でやり直す必要があるでしょう。

このプロセスでベースメッシュをリギングし、情報を衣装アセットに投影すれば、一つひとつリギングする必要がなくなり、それぞれのアセットを確実にベースメッシュに一致させることができます。

これで完成です。ゲームキャラクターの着せ替え可能な衣服セットが完成したら、以下に取り上げるさまざまなアイデアを試してください。

> スカーフを追加する場合は？
> 手袋を使いたい場合は？
> ブーツを分けたら？

忠実度は好きなだけ調整できます。各スロットに装備されたものに応じて、オブジェクトの形を変えられるので可能性は無限です。作業を楽しみ、衣装を通じて物語を伝える魅力的なキャラクター制作に集中すれば、プレイヤーはそのキャラクターを受け入れてくれるでしょう。

2章
スタイルシート

Sandy Appleoff Lyons

Sarah Pan

後半のそれぞれの歴史の章では、用語リストとその時代の衣服の例を紹介します。衣装の構成要素を示すスケッチは、ラグーナ・カレッジ・オブ・アート＆デザインの学生たちが描いたもので、各時代の信頼できるリサーチに基づいています。通常、衣装デザインのクラスでは、講師が当時の実際の衣服を見せてくれますが、1人で学習しているなら、当時の衣服をよく掘り下げてリサーチし、本書で紹介する情報を裏付けてください。

それぞれの歴史の章の最後に、その時代のスタイルシートを作成してもらいます（あなたにも強くお勧めします）。クラスでは当時の衣服を着たモデルをスケッチして、それを各スタイルシートの焦点にします（図2.1、2.2）。

実物から描写することは「マッスルメモリー（筋肉の記憶）」を補強し、描いている衣装の「キネティック リテンション（動きの記憶）」を作るのにきわめて重要です。目と手を連携させながら当時の衣装をスケッチすれば、具体的な情報を簡単に記憶できるでしょう。それはどれだけコンピュータでリサーチしても得ることのできない「神経回路」のようなものです。既存のリサーチを読み込んで、上から描き直すだけでも、単に見るより記憶を呼び起こしやすいでしょう（図2.3）。

図2.1
写真およびモデル：Christina Forst

図2.2
写真：Tim Forst

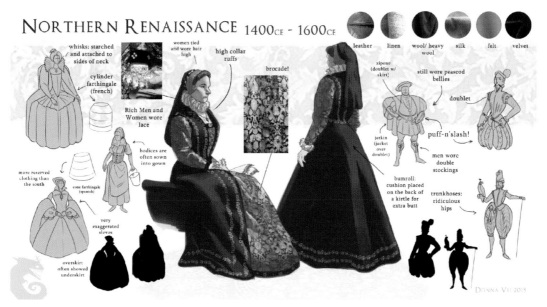

図2.3
Donna Vu

このクラスでは、「**スタイルシート**」が特に重要です。スタイルシート／スタイルガイドは、エンターテインメントやエデュテインメント（楽しみながら学ぶ体験）などのあらゆる業界で使われており、プロジェクトの最終的なスタイルを具体的に作り上げます。スタイルシートの目的は、他のチームメンバーやクライアントにプロジェクトを引き継ぐための情報を提供し、その時代やスタイルを特徴づけるディテールとニュアンスを読み取れるようにすることです。

「スタイルシートのレイアウトやデザイン」はそれ自体が 1 つの構成要素です。アイデアを売り込むために、視覚に訴え、クリエイティブに伝える機能を持っています。また、素材に対する理解度を示すことも必要不可欠で、当時のスタイルをアートディレクターやクリエイティブディレクターと話し合えることは、大きな強みになるでしょう。

本書を進める上で、各時代のスタイルシートのレイアウトを作成するときは、以下の内容を取り入れてください：

1. 当時の衣装を着た男性と女性の例（**図2.4**）。
2. 1 人の人物に焦点を当て、その時代を詳しく表すために選んだ衣装の正面と背面を見せます。3Dアーティストがあなたの絵を見てモデリングできるように、十分な情報を示しましょう（**図2.5**）。
3. 衣装に使われている素材をできる限り表し、「コールアウト」（引き出し線で説明するテキスト）で内容をわかりやすく示します（**図2.6**）。

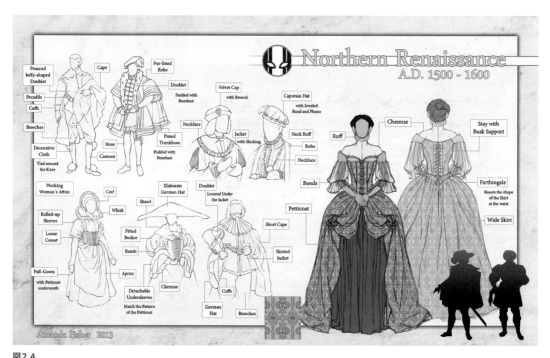

図2.4
Amanda Fisher

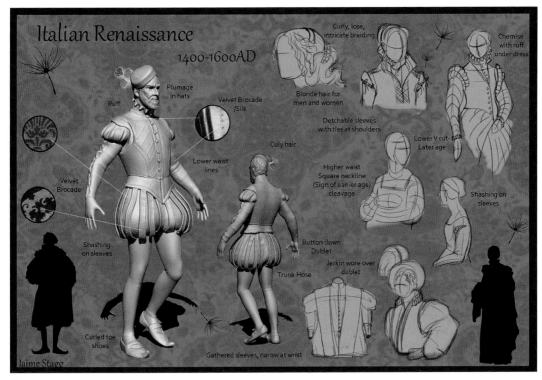

図2.5
Jaime Stagg

図2.6
Miranda Crowell

4. それぞれの衣装パーツや、その時代のオプションになりうる追加の装飾品を描きます（図2.7）。

5. すべてに名前を付けましょう！ ここで役立つのが用語リストです。リストに載っているものはすべて描くようにします（図2.8）。

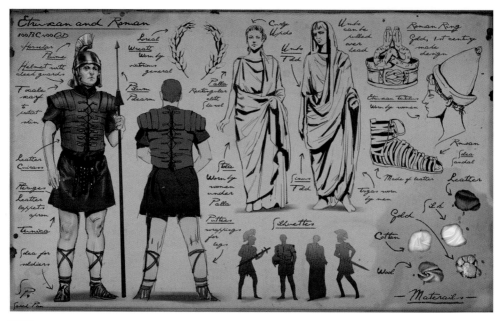

図2.7
Sarah Pan

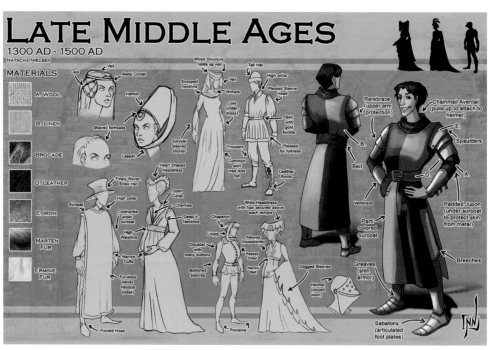

図2.8
Natacha Nielsen

6. 作品には必ず署名します。費やした時間には価値があり、署名はそれを裏付けるものです。

7. スタイルシートは、それ自体を「情報のデザイン」と見なしてください。いったん作成したレイアウトは、繰り返し使用できます（**図2.10**、**2.16**など）。

8. 階層を意識し、レイアウトを通じて見る人をどのように誘導するか考えてください。優れたデザインには、読み手を重要な順にたどらせる要素が組み込まれています。衣装の種類やそれぞれのイメージは、最も重要なものから順に表現すべきです。

スタイルシートなどの「レイアウトデザイン」では、構図を「星座」のように見立てましょう。つまり、夜空で最初に見つかる最も明るい星と、星座全体を作り上げている脇役の星々です。その星座は、多くの星座の集まりの1つかもしれません。そこには押し引き（方向性のある塊によって発散されるエネルギー）が存在し、「デザインの宇宙」を構成するあらゆる側面を導いています。

以下の図は、「アート オブ コスチューム」クラスで作成したスタイルシートの一部です。これらをよく見てガイドのデザインで説得力のある場所や、チーム（クライアント）が大規模プロジェクトの制作ツールとして利用する情報の場所を確認してください。これらは、その時代の文献・素材・形・線などの視覚的なレイアウトに基づいています（**図2.9**、**2.10**）。

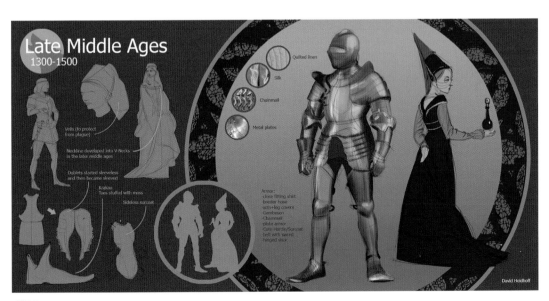

図2.9
David Heidhoff

WEAR OF THE ITALIAN RENAISSANCE

TERMS USED 1. Hosa/hose: tights 2. Codpiece 3. Doublet 4. Zipone
5. Jerkin 6. Short hat with ostrich feather 7. Camica 8. Turban
9. Ruffled Collar 10. Low V Neck

BACK VIEW

MEN AND WOMENS DRESS

図2.10
Amber Ansdell

ウィークリースタイルシートでは、ゲームやプロダクションのスタイルバイブル／スタイルガイドの一部となる1ページのドキュメントを作成します。どんなスタイルシートやスタイルガイドにも、「レイアウトデザイン」で考慮すべき重要な要素や原則があります。それらは、衣装デザインのものと異なるかもしれませんが、重なる部分もあるでしょう。

衣装デザインで考慮するものには、**線・コントラスト・色・フォーム・サイズ・形・プロポーション・テクスチャ・リズム**があります。これらの要素や原則は、4章「デザイン」で詳しく検討します。

衣装の観点でレイアウトに必要不可欠な要素を見ていき、当時の基本スタイルとそれをサポートするパターン／モチーフを伝えられるようにします（**図2.11**）。

見せるアングルをあと2つ増やしてもよいでしょう。モデラー（またはデザインを3Dで制作する人）に情報を伝えるときは、さまざまなアングルで見せることが重要です（**図2.12**）。

情報の並べ方にも注意を払ってください。あなたが選んだ視覚情報やコールアウトで見る人を誘導するときは、それぞれのシートに階層を作ることが重要です。これは、毎回一から作り直すのではなく、シートのデザインにグリッドシステムを構築し、モジュール全体を通してそのデザインを維持するようにします。レイアウトや情報の配置に関しては、創意工夫してください。

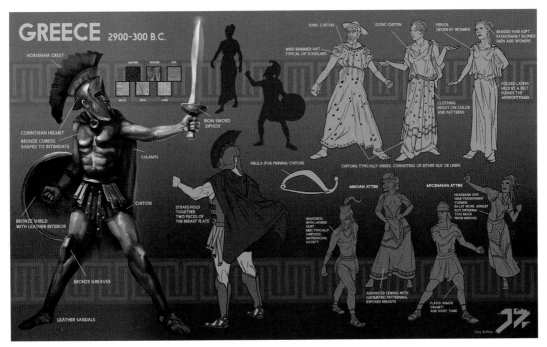

図2.11
Jino Rufino

図2.12
Nicole Chang

1. レイアウト - 情報を2次元配列にする（**図2.13**）
2. 素材 - 衣装に使われる生地・金属・木材・その他の物質（**図2.14**）

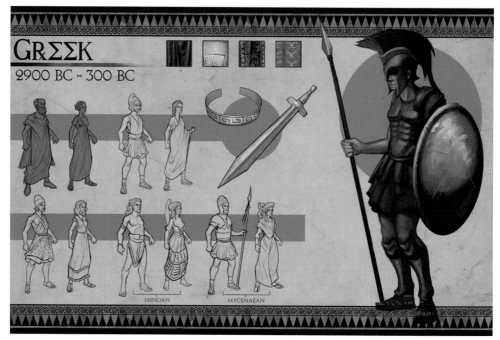

図2.13
Omar Field Rahmam

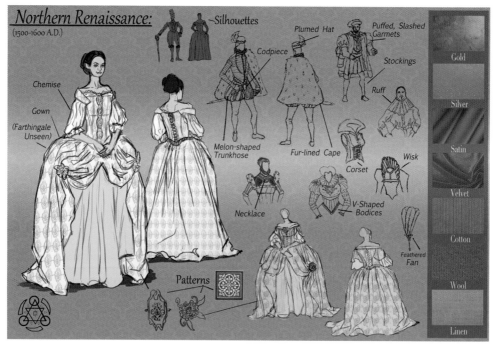

図2.14
Gilberto Arreola

3. 仕組み‐構造と着脱（**図2.15**）
4. 中心的な部分と補助的な部分を堅実に階層化‐視線が1番め、2番め、3番めに行く場所を設定する（**図2.16**）

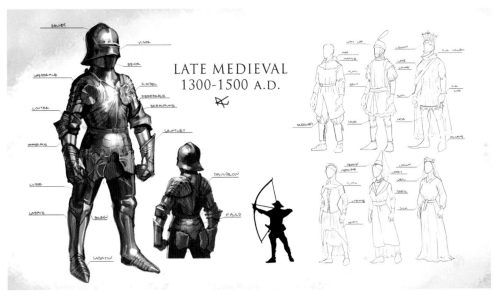

図2.15
Ryan Savas

図2.16
Amber Ansdell

5. 衣装の正面図と背面図、または三面図（図2.17）
6. 詳細なコールアウトやラベル - 衣装の構成要素・アクセサリー・素材・情報に名前を付ける
（図2.18）

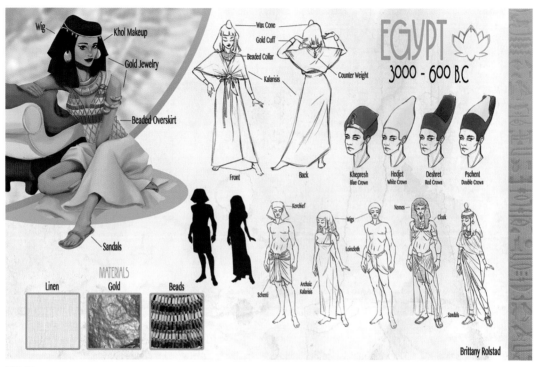

図2.17
Brittany Rolstad

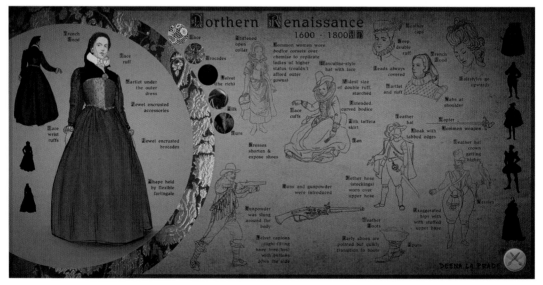

図2.18
Deana LaPrada

ゲームの衣装デザイン

7. リファレンス資料 - デザインのたたき台になったもの（**図2.19**）
8. その時代の様式やモチーフ - 当時の織物の柄など（**図2.20**）

図2.19
Sarin Moradkhanian

図2.20
Brittney Rolsted

9. 各時代のカラーパレット - その時代に使える色（**図2.21**）
10. 服飾品 - バッグ・ベルト・ジュエリー、その他衣装に付随するものすべて（**図2.22**）

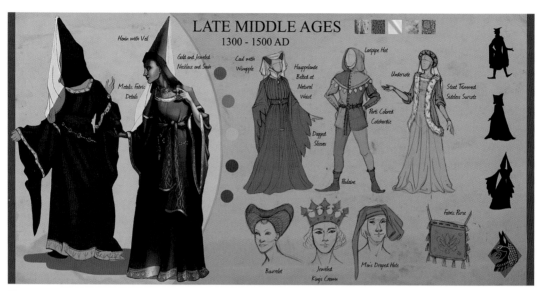

図2.21
Talieson Jose

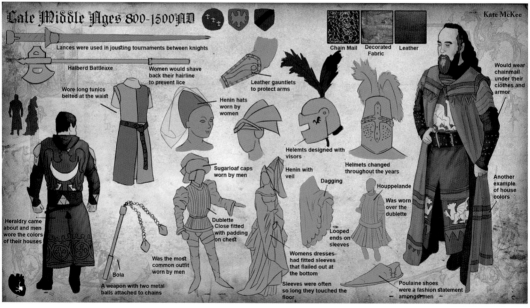

図2.22
Kate McKee

あなたの目的は、「見る人を魅了することである」と忘れないでください。

大規模で多面的なプロジェクトのレイアウト用にグリッドシステムを作成しておけば、一貫性および時間効率のための貴重なツールになります。各要素の重点を確立したら、プロジェクトの視覚的なコミュニケーションツールであるスタイルシート／デザインバイブル／スタイルガイドのすべてに利用できる適切なグリッドを作成してみましょう。

レオナルド・ダ・ヴィンチは、「プロポーションがデザインにもたらす数学的な影響力」を常に考慮していた偉大なデザイナーの1人です。もし黄金長方形を知らないなら、少し時間をかけて調べてください。それはレイアウトの焦点を決めるための良い出発点になるでしょう（多くの場合、それは衣装に導入すべき要素です）。Jay Hambridgeとその著書『Elements of Dynamic Symmetry』は、ル・コルビュジエと並んで視覚的なレイアウトデザインに大きく貢献しました。その狙いは、将来のあらゆるレイアウトで利用できるように調和のとれた空間の細分化をすることです。それは情報デザインの一貫した方程式の本とも言えるでしょう。

視覚的な道筋を確立し、それを繰り返せば、コールアウト・タイトル・素材などのアイデアを伝えるあらゆる要素が明確になるでしょう。これは制作者にとっても、見る人にとっても（制作する／読み取る）、プロセスの高速化につながります。

3章

キャラクターデザインを考える

Lou Police

「**アピール**」はエンターテインメント業界でキャラクターデザインを成功させるための一般要件として、何度も耳にしてきた言葉です。

本書におけるアピールとは、「見る人の心を惹きつけて離さず、何らかの感情を呼び起こす力」のことを指します。そこから呼び起こされ、生み出されるのが、共感・恐怖・怒り・ユーモア・嫌悪感であっても、成功するキャラクターデザインには必要なものです。これらがなければ観客は退屈して無関心になり、あなたのキャラクターに興味を持てないでしょう。アーティストは見る人に「そのキャラクターをもっと知りたい」と思わせなければいけません。

では、どのようにしてキャラクターのアピールを視覚的に表現するのでしょうか？ 初期のデザイン段階では、(1)**顔の表情**、(2)**体型**、(3) **ポーズとジェスチャー**、(4)**衣装**の4通りしかありません。

これら4つの要素をうまく実現するのに必要なことは、「人間や動物のアナトミー（解剖学）に関する十分な知識」「衣服を着た人物とヌードを描いた経験」「服飾史に関する知識（過去/現在/未来）」、そして「基本のドローイングとデザインの原理に関する経験則」です。つまり、アーティストはドローイングとデザインに長けていなければなりません。

以上を踏まえ、エンターテインメント業界で「キャラクターを成功させるのに必要なデザインの基本原則」とは、どのようなものでしょうか？ さまざまなアプローチが考えられますが、これらの重要な基本原則を含むものを4つ挙げてみます。

まず、「デザインの定義」について考えてみましょう。私がアートスクールで最初に出会ったデザインの先生は、「良いデザインとは何か？」という問いに対し、**「多くのものの中の1つである」**というシンプルかつ深い定義を与えてくれました。つまり、デザインの中にはたくさんの要素やパーツがありますが、それらに視覚的な調和や同じ方向性があれば、統一された全体像を生み出せるということです（良いデザインには、視覚的な統一感があります）。

2つめの重要な検討事項は、**「形」**に関するものです。これのどこが重要なのでしょうか？　雲・火・水・煙・霧・木・岩・鳥の群れ・ライオン・トラ・クマ・人間・目・鼻の穴・ヘアスタイルなど、あらゆるものには形があります！　実際、どこを見ても形だらけです！　また、エンターテインメント業界では、プロジェクトやプロダクションごとに適応・利用しなければならないさまざまなシェイプランゲージ（形の言語）があることも忘れてはいけません。アーティストの仕事は、視覚的に面白く、知的にデザインされた形を作り、人々が見て楽しめるようにすることです。つまり、それが「アピール」のある形です。私たちは形を通してものを見ていますが、中でも**「シルエットの形」**はデザインの基礎です。「シルエットは、成功するキャラクターデザインに欠かせない要素」とも言われています。形の概念を考えるときに思い浮かぶ言葉は**「流線型」**（鉛筆の線の幅が、良い形と素晴らしい形を分けることもあります）、**「先細」**（平行線はデザインを台無しにすることが多々ありますが、太いものから細いもの、細いものから太いものへと変化する先細った形は大抵美しく見えます）、そして**「幾何学模様」**（自然界・都市環境デザイン・交通デザイン・建築・プロダクトデザイン・ファッション・人間／動物のアナトミー、そして生活のあらゆる場面で目にします）です。

3つめは、**「デザイン全体における要素やパーツの配置」**についてです。これらは構造や目的を持ち、知的で魅力的に見えるように配置され、ストーリーに基づいているものでなければいけません。私たちがデザインしているストーリーやナラティブは、デザインプロセスのあらゆる側面を決定づけるものです。つまり、私たちのデザインは常にストーリーを参照し、それに応えるものでなければいけないのです。

他にも述べたいことはたくさんありますが、最後に4つめの**「デザインプロセスにおける抽象概念の利用」**について触れておきましょう。どんな素晴らしいアート作品でもその土台（または表現対象の下にあるもの）には、美しく生々しい抽象的なデザインが含まれています。それは1つのシルエット、明暗のパターン、あるいは単純にかっこいい形かもしれません。

これら4つの原則を意識すれば、キャラクターの成功に必要なアピールを生み出せるはずです。

4章

デザイン

Sandy Appleoff Lyons

形とフォーム   統一感（調和）
線   リズム
テクスチャ   焦点
プロポーションとスケール   動き
バランス   制作プロセス

デザインは衣装の心臓部であり、伝えたいあらゆる視覚情報を表します。2章「スタイルシート」では、レイアウトや情報の並べ方について見てきたので、ここでは、基本的なデザインの要素および原則を衣装に当てはめながら検討しましょう（**図4.1**）。

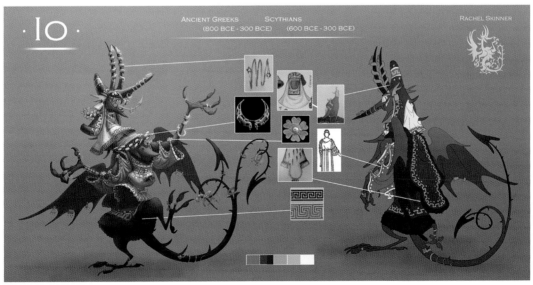

図4.1   古代ギリシャ（紀元前 800 ～ 紀元前 300 年）とスキタイ（紀元前 600 ～ 紀元前 300 年）
Rachel Skinner

私が初めて教鞭をとったのは、1983年のファッションイラストの講義でした。大学を卒業したばかりで、教職という新しいチャレンジに燃えており、3つの「C」という採点方式を使うことにしました（シラバス／講義概要の一部は、卒業生が教職に就く際に出版されたので、他のイラストやデザインの書籍でも目にする機会があるかもしれません）。この3つの「C」とは、**コンセプト**（**C**oncept）、**構成**（**C**omposition）、**クラフト**（**C**raft）のことであり、最後に**色**（**C**olor）も加えました。

本書では、斬新な衣装デザインにつながる問題解決プロセスとして、「コンセプト」開発に焦点を当てます（「構成」はデザインのあらゆる要素と原則を衣装に適用することであり、「クラフト」はそのデザインの実装レベルのことです）。

3つの「C」の評価基準はその後も進化していき、時間と共に新たな市場やネットワークが登場すると、私の衣装クラスのターゲットはゲームや映画関連の業界にシフトしました。これは演劇にも応用できますが、舞台やコスプレの衣装を実際に制作するには、仮想ではなく、実物の制作知識が必要になるため、本書では触れていません（もし興味があるなら、現在は衣装をデジタルで作成し、3Dプリントするテクノロジーがあるので注目するとよいでしょう）。

この章で取り上げる情報や衣装そのものを考察する前に、まず、衣装にまつわる「ストーリー」について見ていきます。

革新的な衣装の優れたデザインには、さまざまな要素が含まれています。そして、デザインの基本要素と原則は、構造（仕組み）から2D／3Dに至るまで、どのようなデザインにも当てはまります（衣装の場合、一部の基本要素と原則をより多く取り入れてます）。

最初に検討する4つの要素は「**形とフォーム**」「**線**」「**色／明度**」「**テクスチャ**」、5つの原則は「**プロポーションとスケール**」「**バランス**」「**統一感（調和）**」「**リズム**」「**焦点と動き**」です。最後に追加で検討するならば「**動きとパターン**」です。

形とフォーム

シェイプランゲージとは、さまざまなフォームに対する心理的な反応のことを言い、個性や外見と関連して考慮されます。その衣装を着ている人は、見る人に何を伝えようとしていますか？　観客が誰であれ、形とフォームは見る人の潜在意識に作用し、メッセージを伝えます。

以下はその例です：

円形：女性らしさ・愛情・友情・保護・思いやり
縦方向の形と線：力・勇気・支配・男性らしさ
正方形／長方形／三角形：力・安定性・強さ
横方向の形と線：平和・落ち着き・静けさ
鋭角の形と線：エネルギー・怒り・爆発・熱狂
有機的な形と緩やかな曲線：幸せ・女性らしさ・動き・喜び（**図4.2**）

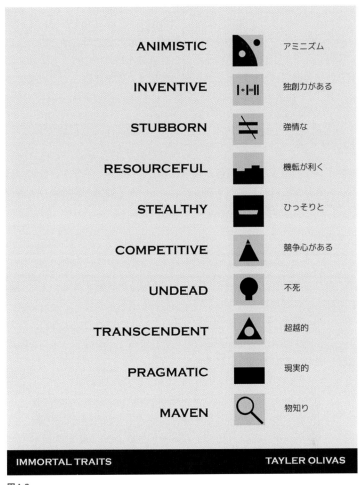

図4.2
Tayler Olivas

線

衣装の線について考える場合、目の動きや衣服全体の印象を参考にすることが多いです。たとえば、ひだ・ディテール・パターン・トリム（縁飾り）に強い縦線があると、目は衣服を特徴づけているその方向を追いかけます。

線そのものは、空間を移動する点によって定義されるアートの1要素ですが、衣装の線は「知覚における目の動き」や「衣装の属性」に関連しています。例を挙げると、直線・曲線・明確な線・薄い線・縦線・横線・斜線などがあります。衣装を描くときは、任意の幅やテクスチャを使ったり、制作者が伝えたいディテールを表すために実線・暗黙の線（implied line）・破線を使ったりします。

テクスチャ

衣装のテクスチャは表面の感じ方や知覚を司り、ある要素に注目させたり、遠ざけたりします。金属製のボタンの繰り返しは、視線を上下に引き付け、ゆったりしたスカートのベルベットの塊に見とれさせるでしょう。また、粗い／滑らか／金属／ベルベット／ガーゼ／革などの質感を表して、衣装にさまざまな特性を与えます（**図4.3**）。

プロポーションとスケール

要素同士の相対的なサイズを利用すると、焦点に注目を集めることができます。巨大な塊の隣に小さい平坦な形があると、最初に大きな塊を見る可能性が高いでしょう。ある要素が実物より大きくデザインされているときは、演出のためにスケールが利用されています（**図4.4**）。

バランス

バランスは、「均衡のとれた状態、張力が均等になっている状態」と定義されています（**図4.5**）。それは空間や形の区分によって対称にも非対称にもなり、デザインに安定感を与えます。ときには、多数の小さな形と1つの大きな形でバランスを取ることもあるでしょう。バランスの取り方によって、活力や落ち着きを生み出すことができます。もしデザインのバランスが取れてなくても、それはデザインが間違っているのではなく、着ている人の個性に関係しているかもしれません。

図4.3　　　　　キエフ大公国と中世後期
Ryan Savas

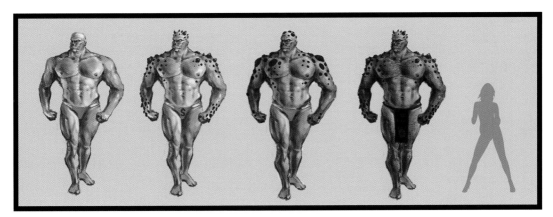

図4.4
Bryant Koshu

図4.5　　　　アシャラ - ペルシャとエジプト（紀元前 3100 〜紀元前 330 年）
Grace Kim

統一感（調和）

これはバランスと結びついているので見極めが難しく、常に利用するものではありません。その用途を理解するには、形・パターン・モチーフ・ディテールを相互補完的に組み合わせ、デザイン全体のバランスを取ります。色に関しては、色彩理論で習うカラースキーム（配色）のいずれかになるでしょう。すべての要素が調和するとき、そのデザインは統一感があると見なされます。デザインにおいて、全体より個々のパーツが重視されることはありません。混沌としたデザインや活気のないデザインを避けるには、統一感と多様性の間でバランスをとりましょう。

デザイナーが焦点をコントロールする場合、全体的な統一感を望まないこともあるかもしれません。たとえば、何らかの不調和音を求めて相反する色や形を使い、見る人を落ち着かない気分にさせるなど。

リズム

これはデザイン要素を繰り返して動きを感じさせることで、ムード（雰囲気）を作ります。リズムは目を誘導するのに最も効果的なツールの1つで、オブジェクト／ディテールの繰り返しや、布地のパターンの中にも存在します（**図4.6**）。

焦点

目を引きつけるものです。対照的なサイズ・配置・色・明度の範囲・スタイル・形で優位性を生み出します。焦点を設定するときは、全体の統一感を損なうことなく、スケールとコントラストでデザインを支配しなければいけません（**図4.7**）。

動き

これは衣装を見たときに感じられる（あるいは実際に衣装が生み出している）方向性・リズム・スピードのことです（**図4.8**）。たとえば、風の影響を受ける空中のオーガンザ（薄地で透けて見える平織物）は、デザインに動きを与えるでしょう。それは、目の通り道かもしれません。ジャズエイジに見られる動きを感じさせる衣装パターンや、古代ローマのトガに表れる垂れた縦線も、見る人の視線を導きます。

図4.6 シャンデ – 中世後期と明朝（西暦 1369 ～ 1644 年）
Jino Rufino

シャンデはヨーロッパの悲惨な状況から海を渡って逃れ、明朝の最盛期に傭兵として生きることを選択。戦闘を続ける一方で、中国の文学、演劇、ハイカルチャーの世界に身を投じます。そして、神に頼らない文化や社会のあり方へ傾倒していき、出世街道を歩む軍人としてのキャリアを捨てます。彼は常人の 4 倍の身体強度に加え、理解力と精神力の強さも兼ね備えています。軍隊よりも演劇や文学に親しんでいたため役人としばしば対立し、仲間になるか死ぬかのどちらかを迫られ、暴力を振るわれることもありました

図4.7
Talesin Jose

イタリア ルネサンスとベトナム ル王朝

図4.8
Brittany Rolstad

ルネサンスと中国（西暦 1360 ～ 1600 年）

それぞれのデザインは1つの「構図」であることを思い出し、基本原則を適用してください。私たちの目的は鑑賞者を「旅」に導くことです。あなたの星座の中で、星はどこにありますか？　それらはデザインの中でどのような役割を果たし、多様性を生み出していますか？　デザインの目的は何ですか？　身につけている人にどう役立ちますか？　どんなメッセージを伝えるべきですか？

ここで意味を持ってくるのが「ストーリー」です。だらしない・きれい好き・注意深い・冒険好き・恥ずかしがり屋・大胆・ずる賢いなど、キャラクターのあらゆる側面を考えてみましょう。衣装で見る人（プレイヤー）のモチベーションを上げたり、認識を変えたりすることができます（変装することも、しっかり目立たせることもできます）。

レイアウトデザインに関する多くの原則や要素は、衣装デザインにも当てはまります。しかし、衣装には私たちが知っている／想像できる世界があり、それは衣装とそれを着る人物にも影響するでしょう。その「ストーリー」は衣服と同様に、手軽なツールの役割を果たすかもしれません。ここで重要なのは、衣装をまとったキャラクターがレイアウトの2D世界を飛び出し、ゲームや映画の3D世界に踏み出すことです。

歴史を年代別に分けて作った最初の土台があれば、良いスタートを切るのに最適なたたき台となるでしょう。リズムをつかめれば、独自のデザイン制作を開始できます。

制作プロセス

リサーチを始めるときは、あなたが選んだ文化の衣服のモチーフ・パターン・形・影響・機能に特に注意を払ってください。本書で取り上げる文化とあなた自身でリサーチした文化との差異は、大きければ大きいほどよいでしょう。そして、リサーチした衣装を見ながら、それを分解します。ある文化からかっこいい胸当てや靴を選び、別の時代の衣服と組み合わせるだけではいけません。まずバラバラにして、できれば生地以外の素材にも目を向けましょう。そういった素材を繰り返し使い、まったく異なる物を作ることだってできます。

たとえば、貝殻のネックレスやヤシの葉で織られた衣服といった「ポリネシアの文化」を考えてみましょう。葉の肩飾りの付いたシェルビーズのマントを分解し、1900年代初頭の衣装として再構築すると面白いかもしれません。このようにリサーチ・分解・応用していけば、どんな文化にも、独自デザインに取り込めるさまざまなシェイプランゲージやモチーフがあるとわかります。

デザインにアクセサリーを足すことは「ケーキのアイシング」であり、衣装を華やかにしてくれます。そして、そのかわいい飾りには役目があります。ケーキのアイシングは食欲をそそるためのものですが、衣装のアクセサリーはストーリーを完成させるためのものです。ストーリーでキャラクターの役割をもっと明確に描写するには、何が必要ですか？　その社会で、貴族や貴婦人にとってふさわしい装いは何でしょうか？　スカーフ・ハンドバッグ・銃・剣・携帯用の櫛・タトゥーなどの装飾を用いて、見る人にキャラクターをもっと詳しく知ってもらいましょう。

5 章

<small>章</small>

不死者の創作プロセス

Sandy Appleoff Lyons

「不死者（イモータル）」プロジェクト

図
Josh Schelnutt

「不死者（イモータル）」プロジェクトは、デザイナーとしてのマイルストーンになるテストです。最初の目標は、時代の制約を受けない不死のキャラクターを作成することです。まだ衣装はありません。あるのは、キャラクターの構造となるフレームだけです（**図5.1**）。

このプロジェクトでは、仕様や制約の範囲内で衣装を作るときの創意工夫を学びます。可能性は無限なので、思い切ったことを試してみてください。実際には空想の世界であれ史実の世界であれ、制約のある方が現実世界のデザイン問題に対処できるとわかります。制約はチャレンジであり、うまくいけばデザイナーとしてのスキルを高められるでしょう（**図5.2**）。

「不死者」にとって時間は障害ではありません。彼／彼女は、文化の変遷、文明の消滅、そして世界の発展を目にしてきました。では、その普段着や正装は、時間・場所と共にどう変化していくのでしょうか？ 人々を夢中にさせる／笑わせる／泣かせる／物語の中をこっそり移動する、あるいは指一本で世界のさまざまな時代へ移動することのできる信憑性のあるキャラクターは、どうやって作ればよいでしょうか（**図5.3**）？

図5.1
Robert Ortega

図5.2 クリシュナ：ビザンチン／東ローマ帝国（西暦330〜1453年）とインド（シュンガ朝 紀元前185〜紀元前73年）
Veronica Liwski

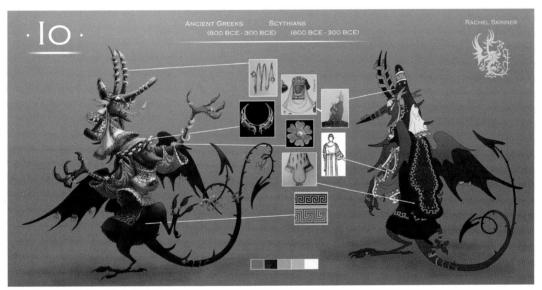

図5.3 IO：古代ギリシャ（紀元前800〜紀元前300年）とスキタイ（紀元前600〜紀元前300年）
Rachel Skinner

これからキャラクター開発を深く掘り下げますが、その前に学習ツールとして利用する「不死者」を作成し、衣装に関する課題を進めながら時代を移動してもらいます。たとえば、買い物に行ったり、何かを彫ったり細工したり、皮や衣服を作ったりして、キャラクターの個性を変更／定義します。

昔から「ストーリー」は、作品を見てもらうための最も強力な手段の1つであり、人々を魅了しています。それは、背負っている荷物の大きさ・靴に空いた穴・光輝く冠、手につけている籠手で伝えることができます。また力強いデザインを実現するため、デザインの原則も大切です。ストーリーとデザイン、そして歴史的に正確な異文化間のリサーチを組み合わせる手法で、「不死者」の衣装を制作していきましょう。

2週間ごとに、これまで調査してきた文化の中から1つを選び、自分が調査したい文化（あるいは本書で調査する章と同じ時期の文化）と組み合わせます。自分のストーリーにこだわりつつ、2つの文化の道筋をつけるとよいでしょう。私のクラスではこのプロセスを経て、いくつかの素晴らしい衣装デザインが生まれました。この章を通じて、学生たちが制作した「不死者」を紹介していきます（**図5.4**）。

時代考証に基づいた衣装開発はアパレルデザインの1手法であり、文化史は今日まで衣装に直接影響を与えてきました。「不死者（イモータル）」プロジェクトは、同時期に世界中で発展していたさまざまな文明をリサーチしながら、西洋文明の衣装に関する毎週の講義・動画・プレゼンテーションで学んだことを利用するように作られています（**図5.5**）。

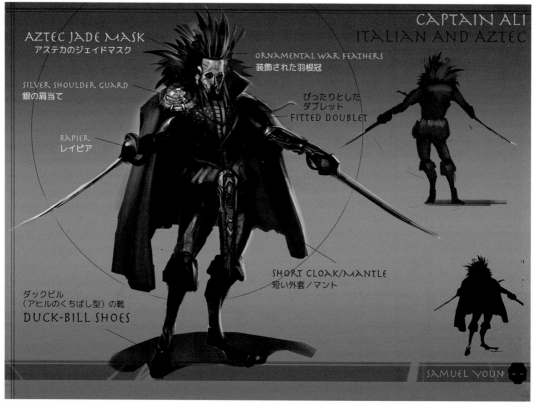

図5.4
Samuel Youn

アステカのジェイドマスク：イタリアとアステカ

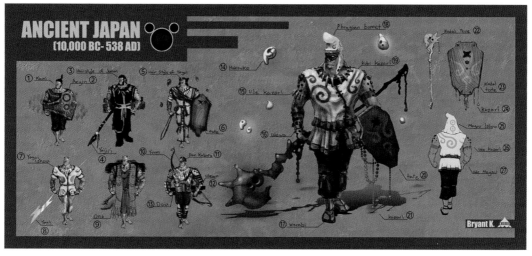

図5.5
Bryant Koshu

古代日本（紀元前10000 〜 西暦580年）
①髪 ②編布（あんぎん）③縄文時代の髪型 ④矢じり ⑤弥生時代の髪型 ⑥盾 ⑦弥生衣装 ⑧槍 ⑨斧 ⑩弓 ⑪銅の兜 ⑫腕輪
⑬銅 ⑭勾玉 ⑮腕飾り ⑯腕輪 ⑰わらじ ⑱フリジア帽 ⑲首飾り ⑳盾 ㉑飾り ㉒古代の杖 ㉓古代の盾 ㉔飾り ㉕衣装の模様
㉖腕飾り ㉗腕模様（入れ墨）

この学習コースでは、歴史的に正確な資料を基に描くことを奨励しています（可能であれば、本書で取り上げる各時代のスタイルシートを作成する際、当時の正確な衣装を着たモデルをデザインしてみてください）。また、作品には「制約」を設けましょう。こうすると、明確な学習、リサーチスキルの向上、そして時間管理の効率化に役立ちます。

キャラクターはどのように作成しますか？ もし問題があれば、3章「キャラクターデザインを考える」に戻って復習してください。

あなたの「不死者」の個性を決める特性や事柄を、少なくとも10個リストアップしてください。そのキャラクター（彼・彼女・それ）はどこで生まれたのか／何を食べるのか／シャイなのか／笑うのが好きなのか／不器用なのか／特殊能力を持っているのか、など。それぞれの側面について形を思い浮かべ、特性リストの後ろに追加します。これについては、4章「デザイン」でも考察しました。楽しさは円、意地悪ならギザギザの稲妻の線を連想するかもしれません。リストは、**図5.6**のようになるでしょう。

これらの視覚的な手掛かりは、「不死者」の体型に取り入れるよりも、デザインする衣装でじっくり検討することの方が重要です。顔を隠せる外套の代わりに、光沢のあるものを選んだ理由は何ですか？ それがあなたのストーリーであり、熟考すればするほどデザインに説得力が出ます（**図5.7**）。

図5.6
Eleanor Anderson

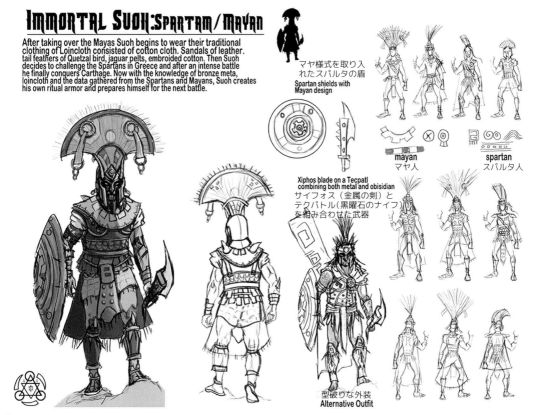

IMMORTAL SUOH:SPARTAN/MAYAN

After taking over the Mayas Suoh begins to wear their traditional clothing of Loincloth consisted of cotton cloth. Sandals of leather. tail feathers of Quetzal bird, jaguar pelts, embroided cotton. Then Suoh decides to challenge the Spartans in Greece and after an intense battle he finally conquers Carthage. Now with the knowledge of bronze meta, loincloth and the data gathered from the Spartans and Mayans, Suoh creates his own ritual armor and prepares himself for the next battle.

マヤ様式を取り入れたスパルタの盾
Spartan shields with Mayan design

Xiphos blade on a Tecpatl combining both metal and obisidian
サイフォス（金属の剣）とテクパトル（黒曜石のナイフ）を組み合わせた武器

mayan
マヤ人

spartan
スパルタ人

型破りな外装
Alternative Outfit

図5.7
Gilberto Arreola

スオウ：スパルタとマヤ

マヤ族の力を手に入れたスオウは、その伝統的な衣服である「綿布のロインクロス」「ケツァールの尾羽」「ジャガーの毛皮」「刺繍された木綿」などを着始める。その後、ギリシャのスパルタに挑戦することを決意し、激しい戦いの末、征服に成功した。スパルタ人とマヤ人から学んだ青銅やロインクロスの知識を生かして、祭祀用の鎧を作り、彼は次の戦いに備えた

「不死者（イモータル）」プロジェクト

あなた自身の「不死者」を作り、この学習プロセスを通じてその創造物と共に過ごしてください。土台となる性格があると、表現する衣装デザインや歴史的な資料に専念しやすくなります。学生たちはクラスの最初の週に、不死者のスタイルシートを作成します。そのときはまだ衣装の助けを借りず、できるだけその人物に関する情報を記載するように言われます。

それから数週間で、本書でも取り上げている時代を2〜3つ検討し、1つを選択します。そして、あなたがリサーチした同時代の（本書では取り上げてない）非西欧文明を選択します。これも、自分自身でパラメータを作成することが目的です。異なる「文化的工芸品」を組み合わせ、斬新なデザインを生み出してみてください。確固たるリサーチは、想像力を刺激し、創造力を磨くための一番の方法になるでしょう。

優れた衣装デザインとは、ある文化の衣服を別の文化のものと組み合わせるだけでなく、その構造・モチーフ・アクセサリー・素材を取り入れ、学んだことを基に新しく作り変えたものです。分解して再構築しましょう。ここからは、クラスで生まれた優秀な「不死者」プロジェクトの中から、いくつか見ていきます（図5.8 - 5.13）。

図5.8 タラクサ：バッスルスタイルとモロッコ（西暦 1870 〜 1920 年）
Jaime Stagg
①ハイウエストライン ②尻尾の上に布地のギャザー ③ベルベル人のネックレス ④磨き上げたコーラル（珊瑚石）⑤重い装身具 ⑥バッスルドレスのピン ⑦お守り ⑧半袖のカフタン ⑨装飾の縫い目 ⑩チョーカー ⑪フェイスペイント / タトゥー ⑫ヘッドスカーフ ⑬三角形のタリスマンはテントと家族の象徴 ⑭カフタンの太い腰ベルト ⑮ドッグボウル ⑯お守りとジュエリー（銀・コーラル・アメジスト・アンバー・ビーズ）

図5.9 ディノ ディオニソス：中国（西暦 1600 年代）と中世後期
Amber Ansdell

図5.10
Dylan Pock
イビザ プラバ：中世後期（西暦1300〜1500年）と古代アステカ（西暦1400〜1600年）

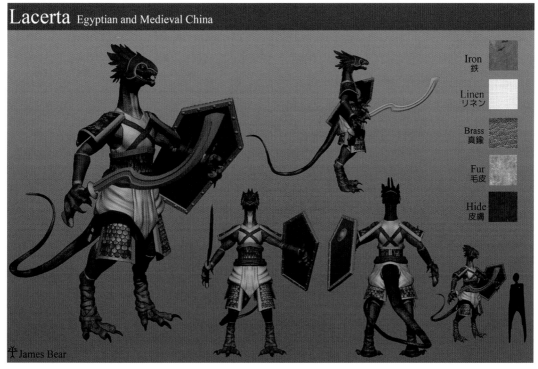

図5.11
James Bear
ラサータ：エジプトと中世中国

ユサール（翼）　Hussar "Wings"

おもし　Counter Weight

ラフ（ひだ襟）　Ruff

ゴルゲットカラー　Gorget Collar

偽物の豹皮　Faux Leopard Skin

翼のついた胴鎧　Winged Cuirass

肘当て　Counter

籠手　Karwasz Arm Guards

ブロケードのズポン　Brocate Zupon

カボチャのように盛り上がったスロープ　Pansied "Pumpkin" Slops

もも当て　Leg Guards

ガリガスキンズ（ゆったりとした幅広のホースやブリーチズ）　Galligatkins

膝当て　Poleyn

旗槍　Flag Spear

戦鎚　Nadziak War Hammer

革靴　Leather Boots

Zroya-Svetovit
Italian Renaissance - Poland
A. D. 1500 - 1600

図5.12　ズロヤ スヴェントヴィト：イタリア ルネサンスとポーランド（西暦 1500 〜 1600 年）
Amanda Fisher

IMMORTAL
ASHALA
CHINESE
MING DYNASTY
W/ RENAISSANCE
INFLUENCE

Militaristic Sailor Garb　水兵の服装

革　LEATHER

絹　SILK

リネン　LINEN

ベルベット　VELVET

絹紐　SILK CORD

GRACE KIM

図5.13　アシャラ：明朝とルネサンス
Grace Kim

デザインの仕様とパラメータは以下のとおりです：

1. 学習モジュールを通じて、同じ「不死者」を使います。
2. 本書では、各デザインに2つの文化のみ使います。
3. 使うのは、同時代の2つの文化のみです。
4. 衣服を重ね合わせたり、組み合わせたりするだけではいけません。それぞれの文化の衣服、ジュエリー、モチーフ、そして視覚言語を融合し、まったく新しい物を創作してください。分解して再構築しましょう。
5. リサーチには忠実に従ってください。
6. 衣装のさまざまなパーツにラベルを付けます。
7. そのデザインを基に、3Dモデルや別のキャラクターが作成される可能性を考慮し、必ず正面図と背面図を作成してください。提供できる情報は、多ければ多いほどよいでしょう。
8. 素材・特定の継ぎ目・ディテールの装飾・歴史的リファレンスには、「コールアウト」を利用します。

まず不死者のスケッチを1枚描き、衣装に時間をかけて、描き直さないようにします。そうすれば、時間を適切に管理できるでしょう（ただし、ストーリーのクライマックスや衣装の一部を強調したい場合に、ポーズを変更したくなることもあります）。時間の有効利用は、成功への第一歩です（図5.14）。

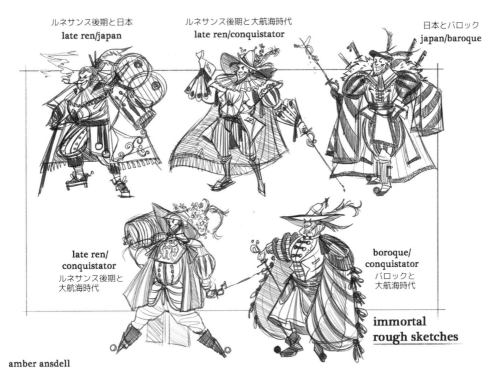

図5.14
Amber Ansdell
不死者のラフスケッチ

本書を通して、色・形・ライティング・素材・焦点、そしてデザインに含まれる要素の階層などを、自分の
衣装に関連させながら見ていきましょう（**図5.15**）。

図5.15
Robert Ortega

メキシコとアメリカ（1920年代）

6章

ひだの描き方

Sandy Appleoff Lyons

ひだ	スパイラル
パイプ	ドロップ
ジグザグ	ダイパー
ハーフロック	イナート

服を着た人物を描くのと裸の人物を描くのは異なりますが、服によって作り出される外観は、その下の体の基礎に沿っています。身につける素材を「外観」という観点で考えると、素材の見方も変わってくるでしょう。今も昔も手に入るテキスタイル（織物）や素材は、体のテクスチャ・パターン・奥行き・輪郭になります。

あなたの課題は、素材の重さ、織物の方向性、強伸度（引っ張りの強さ）、傷み、テクスチャ、動きに基づき、それぞれの「ひだ（折り目）」の違いを体系的に見つけ出すことです。

最初にいろいろな素材を検討し、体との関係性を考察していきましょう。

素材の**重さ**は、ずっしりした革、豪華なブロケード、ビーズをあしらったガウン、極薄で軽い最高級の絹織物までさまざまで、絹、リネン、コットン（木綿）はちょうど中間くらいです。そして、身につけたときと、身につけてないときで、それぞれ異なる特性が現れます。

植物繊維の亜麻を原料とする「リネン」のひだは、アイロンや糊付け、サイズ調整したときにくっきりしますが、暖かく湿った場所になるとその外観は一変します。これは、衣装でストーリーを伝えるときの小さなヒントになるでしょう。

「ブロケード」はビザンチン帝国時代に生まれたシャトル織りの絹織物の1種で、中国の錦織の技法がヨーロッパに伝わったと考えられています。通常の緯糸（よこいと）と補助的な緯糸があり、織り機で作られます。この二重織りの手法によって、刺繍では再現できない生地の外観を生み出しました。さらに、二種の緯糸で織ると布地のデザインに硬さが加わり、衣装だけでなく室内装飾にも利用できる丈夫で重い素材になりました。これを体にまとうと重量感が生まれ、肘や膝を曲げると明確なひだになり、垂れた部分は厚みのあるひだになります。

昆虫（蚕）由来の「絹」は、そよ風に揺れるほど薄く織ることができます。そのため、最も弱い素材と思われがちですが、強伸度は最も強い部類です。中国は絹の生産を極秘にしていましたが、やがて養蚕の秘密が明らかになると、ブロケードの織物は世紀を超えて広まっていきました。

化学繊維であれ、天然繊維であれ、あらゆる繊維に影響するのが「打ち込み本数」と「糸の太さ・重さ」です。織物の重さの単位はGSM（1平方メートルあたりのグラム数）ですが、ここで裁縫用に購入するときの織物の技術を掘り下げるつもりはありません。もし衣装を制作しているのであれば、少し調査してみるとよいでしょう。織物の歴史は興味深く、原産地に基づいた当時のデザインを裏付けてくれるはずです。

下のフォームと「織りの方向」は、その生地のひだに影響します。布を織るとき、織機の奥につながっている長い糸が「経糸（たていと）」、経糸の間を行ったり来たりして織り込む2つめの糸が「緯糸（よこいと）」です。経糸の端から端まで引っ張っても、伸縮性のある糸でない限りあまり伸びません。しかし、どんな織物も斜め方向に引っ張ると伸びます。1930年代のドレススタイルが女性の体型にぴったり合っていたのは、このためです。この斜め方向は「バイアス」と呼ばれています（バイアスカット ドレスなど）。織物のレイアウトに関連する最後の用語は、「セルビッジ（耳）」です。緯糸の端（セルビッジ）はほつれませんが、経糸の端はほつれます。

織物の「強伸度（破断に抵抗する力）」は、熱や湿気によって変化します。つまり、熱や湿気のある環境にいるときや、体から熱や水分が排出されたときに、織物の糸の伸縮性が変化するということです。これも、衣装でストーリーを伝えるときに考慮する小さなディテールの1つです。

次は「摩耗と傷み」の話に移りましょう。キャラクターによって（あるいはポケットに入っている硬貨の枚数によって）、衣服の酷使が明らかになることがあります。肘や膝は他の領域よりも速くすり減り、汚い脇道を歩くと、裾は酷使されます。また、食習慣や強い日差しによる色あせなど、染みや色の変化が現れることもあります。

「テクスチャ」は、織物に織り込まれている素材、より糸の粗さ、あるいは織物の処理方法で決まることが多いです。初期の豪華なブロケードの多くは金糸や銀糸で織られ、美しい反射と彫刻のような質感を生み出しました。クリノリン（スカートを膨らませるためのアンダースカート）が使われていた時代には、よくインド更紗の織物にラッカーを塗り、重量を増やさずに彫刻のような反射性を生み出しました。私たちは今でもシャツをパリパリにするために糊付けしたり、糊付けした素材を柔らかくするために洗濯したりします。

「動き」のある織物は、予めデザインされた動作や活動に基づいて選択されることが多いです。たとえば「チュール」は、チュチュ（バレエスカート）や体型の目立つ薄手のスカートに使われています。長いと浮き上がり、チュチュのように短くカットされていると形は崩れません。メッシュ状の織り目で空気の入れ替えを行い、周りの風と相互作用させ、フワフワした感じを生み出します。

ひだ（Folds）

次は、外観やひだの性質の核心に迫りましょう。ひだを定義した最初のアーティストはジョージ・ブリッジマンです。そして、そのあとに続く教育者たちは、彼の分類法を使ってひだの性質を分解・理解しています。私がひだの描き方（特に張りのある織物）を教えるときは、「三角形」や「ひし形」で考えるように伝えています。もっと柔らかい素材を扱うときは、ひだの形も柔らかくします。

どんな塊にも「方向性のある力」があります。ひだを使いこなせるようになると、塊を定義し、体型にボリュームを与え、人物の動きを生き生きさせることができます。

では、ひだの構造を見ていきましょう。

パイプ（Pipe）

パイプ状のひだは、カーテンやシャワーカーテンに見られるように複数のひだが連続し、それぞれが半筒の形を作っています。また、織物を斜め方向に引っ張ると、「バイアス」によって斜めにパイプ状のひだができます（**図6.1**）。

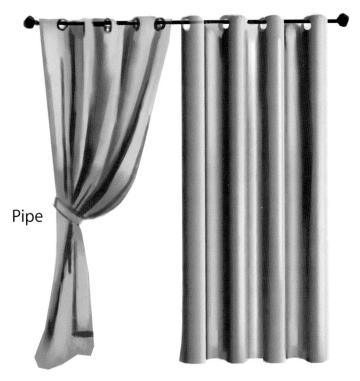

Pipe

図6.1
Elenah Han

ジグザグ (Zigzag)

ジグザグのひだは、肘や膝のように筒状の布や素材を曲げた部分に生じます。このひだの方向は交互に入れ替わり、前述のとおり「ひし形」や「三角形」のように見えます（**図6.2**）。

ハーフロック (Half Lock)

筒状の生地の向きが急に変わると、ハーフロックのひだが生じます。この形を理解しておくと、衣装の描写に力強さが生まれます。腕の動きに合わせて、生地がどのように変化するか見てみましょう（生地が折り重なってUの形に見えます）。これは膝にも生じます。ひだのフォームそのものを念頭に置き、見る角度によってどのように変化するか考えてください（**図6.3**）。

図6.2
Sandy Appleoff Lyons

図6.3
Tayler Olivas

スパイラル (Spiral)

スパイラル（らせん状）のひだも、筒状の柔らかい生地によく現れます。腕や脚の輪郭、動きの方向に沿って包み込むような形になり、パリパリの生地だとより鋭角になるでしょう（**図6.4**）。このひだは、動きや形を特徴づけるのに役立ちます。また、袖や裾をたくし上げると、完全なスパイラルにならない圧縮されたひだが生じます。動作によっては斜めに見えることもあるので、こうしたひだの力学を観察してみてください。

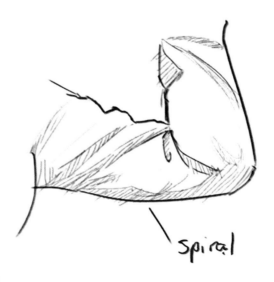

図6.4
Vincent Vu

ドロップ (Drop)

左がダイパーのひだ、右がドロップのひだです (ドロップの起点は1つ)。スカートでこのひだが動くと、脚が前に出る際に綺麗に「はためくひだ」になります。ガウンのスカートに見られるような大量のドロップのひだは重量を感じさせ、力学のビジュアルを強化するでしょう (**図6.5**)。

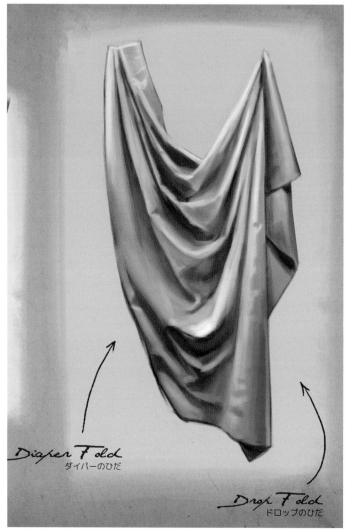

図6.5
Sarah Pan

ダイパー（diaper）

このひだは2点からつるされ、生地の重さが中央のたるみ具合を決定します。たるみは素材によって異なり、緩やかに湾曲したり、くっきり曲がったりします（**図6.6**）。

図6.6
Talisin Jose

イナート (Inert)

これを描くときは、クローゼットや寝室が最適な題材になるでしょう。イナート（不活発な状態）のひだは、丈の長いガウンの裾や、ハンガーに掛けずに床に放置されている衣服などに現れ、あらゆる方向から生じます（**図6.7**）。その塊は何にも沿っていませんが、下に物体があれば、ひだの動きによって明らかになります。

ひだの大きさには、必ず変化をつけましょう。

このひだを線だけで描く場合、端から端まで完全に包んではいけません。袖に描くときは、生地の下にある腕の形や生地自体の複雑さを表すため、フォームの端（輪郭）とひだの端（縁）の間にある程度の空間を確保してください。そうしないと、視覚的な力強さが失われてしまいます。最初に主要なひだの線を描き、次に平面の変化を表しましょう。

図6.7
Sarah Pan

人物の服を描くときは、手掛かりを探しましょう。膝を曲げたズボンの脚を見ると、膝からドロップのひだが生じ、曲げた場所からも別のひだが放射状に広がります。そして、脚と腰がつながる領域のひだは圧縮されます。ズボンの裾が足と接するときの様子も必ず考慮してください。

次は、椅子に座った人物のスカートを考察してみましょう。脚を組んでいなければ、この場合も膝からドロップのひだが生じ、両膝の間の布地にダイパーのひだが生じます。

書籍『Dynamic Wrinkles and Drapery』（Burne Hogarth著）を一読することをお勧めします。そうすれば、ひだがさまざまな専門用語で定義されているとわかるでしょう。

ひだ、折り目、しわはいずれも、観客が衣装のストーリーを理解するための視覚的な手掛かりです。これらが無いと、衣装に個性は生まれません。

7章
リサーチ

Sandy Appleoff Lyons, Jennifer Martinez Wormser

書籍   サブスクリプション データベース
映画   ウェブサイト
定期刊行物   専門家に聞く

優れたデザイン手法を構築するためには、「リサーチ」が欠かせません。これは、あらゆるプロジェクトの**コンセプチャル フレームワーク**（概念的な枠組み）を作るのに役立ちます。確かなリファレンスと補助資料を引用することで、プロダクション パイプラインは促進され、チーム全体の時間を有効活用できるでしょう。リサーチの目的は2つあります。1つはすぐに利用（参照）できる視覚情報を得ること、もう1つはより多くの情報を求めて深く掘り下げることです。

衣装、ファッション、テキスタイル（織物）デザインでは、リサーチによって「ある時代の衣服が文化に与えた歴史的影響」を理解することができます。また過去から現在に至るまで、有能なデザイナーがいかにして技術を役立ててきたか、その基礎も理解できるでしょう。

リサーチの目標を設定し、課題を定義してください。

1. 時代別／地域別にテーマを決める。たとえば、「歴史的衣装」など。
2. リサーチの性質や目標を決める。たとえば、あなたが考える「不死者」の個性・好みに合わせて、衣服の選択肢やデザインを作る／仕立てるなど。
3. 課題を明確にする。たとえば、当時の「織物の技術開発」「染料貿易の歴史」「色の選択」など。
4. 探しているすべてのものの関係を分析する。

アイデアやリサーチが多ければ多いほど、引き出しも多くなるでしょう。最終的にアイデアが多過ぎるときは、キャラクターの動機・習慣・体格・雰囲気などによって、段階的に絞り込んでいきます。

収集・検討・計画・実行して、つながりのないものをつなげましょう。

繰り返しになりますが、その目的はデザインの参考にすることです。リサーチはインスピレーションになりますが、クリエイティブな思考に取って代わることはありません。

参照や引用のスタイルについては、『MLA（Modern Language Association）ハンドブック』（日本語版、秀和システム刊）、『Oxfordハンドブック』シリーズ、『APA: The Easy Way』、そして「Harvard AGPS」を参照してください。

以下は、ラグーナ・カレッジ・オブ・アート＆デザイン（LCAD）の図書館員であり、友人でもあるJennifer Martinez Wormserの寄稿です：

ゲームアートの学生が「不死者」の衣装・アクセサリー制作に使うリサーチツールや手法は、「典型的な」学部生のものと若干異なります。この課題では、歴史的に正確なリファレンスを使ってクリエイティブなデザインを生み出す必要があるため、さまざまなリソースや形式を利用しています。

書籍

過去〜現代のファッションや衣装関連の出版物には、高画質の大きなカラー写真だけでなく、使われているテキスタイルや素材の詳細な情報も掲載されているため、心強いリサーチツールになります。たとえば、『Fashion: The Definitive History of Costume and Style』（2012年、DK Publishing刊）や、京都服飾文化研究財団の『Fashion: A History from the 18th to the 20th Century』（2015年、Taschen刊）などの歴史的資料集では、さまざまな時代の国際的なスタイルを考察することができます。

他にもリサーチに役立つ書籍として、長編映画・テレビ・ゲームのコンセプトアート集や「ジ・アート・オブ」シリーズなどがあります。これらにはアーティストのドローイングやコンセプト段階の作品が再現されており、提案されたものと最終決定されたものの実例が示されています。こういった書籍を見れば、成功したデザインと、プロセスの一環として作成されたバージョンの違いを確認できるでしょう。

『ダイノトピア』シリーズでも有名なアーティスト James Gurney が2009年に執筆した『空想リアリズム』（日本語版、ボーンデジタル刊）は、「空想や想像でものを作りながらも、現実味のある真に迫った方法で表現する」という学生の目標をよくとらえています。不死のキャラクター制作でその目標を達成した学生たちは、世界中のさまざまな地域の時代をうまく組み合わせ、これまで存在しなかった信憑性のあるリアルな人物を作り出しています。

映画・動画

視覚学習をしているゲームアート プログラムの学生たちは、自身の作品研究や個人的な娯楽目的で、映画と動画を頻繁に利用・参照しています。未来や過去、あるいは空想の世界が舞台の長編映画には、環境・乗り物・道具、そしてもちろんキャラクターの衣装の参考になるイメージがあります。たとえば、HBOのシリーズ『ジョン・アダムズ』（2008年）を見て、アメリカの植民地時代の衣服の参考にしたり、ピーター・ジャクソン監督の『ロード・オブ・ザ・リング』3部作を見て、異世界のファンタジークリーチャー（ドワーフ／オーク／ゴブリン／トロールなど）の体・衣服・武器デザインのヒントを得たりします。

チュートリアル動画には（ストリーミングサービスであれDVDであれ）それぞれ役割があり、制作手法・ドローイング・テクスチャリング・ペインティングの手順を知ることができます。独自のチュートリアル動画を制作してDVD／ダウンロード形式で販売するアーティストや、The Gnomon WorkshopやLinkedInラーニング（旧Lynda.com）のように、ストリーミングサービスを通じてチュートリアル動画を提供している企業もあるので、これらを利用すれば、ソフトウェアで衣装テクスチャを作るときの技術面を学べるでしょう。

定期刊行物

定期刊行物は、ファッションのトレンドや歴史のリサーチに役立ちます。たとえば、『Vogue Archive』や『Women's Wear Daily Archive』はProQuest社を通じた電子サービスで、過去100年間の西洋女性のファッション史を豊富なビジュアルで知ることができます。『Harper's Bazaar』『Godey's Lady's Book』そして19世紀で最も人気のあった女性誌『Ladies' American Magazine』といった過去の出版物には、手で彩色された彫版印刷のファッションプレートが掲載されていおり、それらは研究・複製され、切り抜かれて額に入れられていました。大規模な学術図書館では、女性誌の印刷物やマイクロフィルム リールを所蔵している可能性があります。『Vogue』などの著名な出版物はオンラインで利用できるものの、一次資料で特定の時代のファッションや色彩をリサーチしたい学生にとって、こういった現物は貴重な情報源です。

サブスクリプション データベース

学生たちはARTstor、Bloomsbury Fashion Central、Material Connexionなどのサブスクリプション データベースを使って、過去のファッションやファッション業界、素材の種類に関するリソースにアクセスできます。ARTstorでは「ファッション 衣装 ジュエリー」に絞り込み、コルセット・ウェディングドレス・頭飾り・ブレスレット・山高帽・剣など、さまざまな美術館の所蔵品を参照できます。そして、詳細なメタデータ／テクスチャ／ステッチを細かく見るためのズームイン機能も付いています。とりわけ学生にARTstorの利用を勧める理由は、それぞれのイメージに詳細な説明があるからです。作品の歴史的／地理的な特徴を正確に特定できれば、リサーチを基に制作する作品に信憑性が生まれるでしょう。

ウェブサイト

ファッションや衣服に関連する博物館・研究機関のウェブサイトでは、よく調査された歴史的な衣装のイメージを入手できるでしょう。たとえば、京都服飾文化研究財団のウェブサイト（www.kci.or.jp）には、展示会、研究、出版物の情報だけでなく、デジタルアーカイブの一部がオンライン上で公開されています（www.kci.or.jp/archives/digital_archives）。ロンドンにあるビクトリア＆アルバート博物館の充実したウェブサイト（www.vam.ac.uk/collections）にも、刺繍・靴・ファッション・ウェディングドレス・タペストリーのオンラインコレクションが掲載されています。また、ニューヨークのメトロポリタン美術館の「Heilbrunn Timeline of Art History」（www.metmuseum.org/toah）では、学芸員による簡潔なエッセイが掲載されており、参考文献として出版物のリストが付いています（右上のSearchから「Fashion in European Armor, 1500–1600」「American Ingenuity: Sportswear, 1930s–1970s」「Renaissance Velvet Textiles」などを検索してみてください）。

Google検索だけでは、信頼できないソースや未確認の不正確な記述、誤った表現のイメージも含まれているため、情報源の信頼性と真正性を高めることはきわめて重要です。

専門家に聞く

学生に勧めるもう1つのリソースが、大学のリサーチの専門家、すなわち図書館員（ライブラリアン）です。彼らはリソースを評価する訓練を受けており、同じ図書館員の同僚もいます。そのため、協力して特定すれば、時間的にも結果的にもリサーチをより効率的に行えるでしょう。図書館員は構内の授業の発表やその他のアウトリーチ活動を通じて、リサーチを手助けしてくれます。情報収集に大いに役立つ特別なコレクションの面白い資料や、新しいデータベース サブスクリプションについて知っているかもしれません。

8章
3Dに変換する

Sandy Appleoff Lyons, Jaime Stagg, Anna Sakoi

1章では、Gavin Richが「ゲームの衣装のパイプライン」について説明しました。ここではアイデアやデザインを3Dモデリングし、ゲームエンジンに取り込めるようにするため、コンセプトアーティストが考慮すべきことを見ていきましょう（専門的になり過ぎない程度に）。

企業はコンセプトレイアウトに基準を設けている場合があります。これは、「ポリゴン数の制限」や「イメージをプログラムにロードするときのスケールとサイズ」に関係しているかもしれません（ゲームエンジン向けのモデリングプロセスを迅速に進めるため）。ポリゴン数の制限とは、モデルを3D空間で描画するのに使えるポリゴンの総数のことで、アセットやキャラクターに設けられています。ポリゴンを無駄遣いする余裕はないため、あらゆるアイテムで考慮しなければいけません。

こうしたことから、「シルエット」が重要になります。形だけで伝わる情報が多ければ多いほど、ゲームモデルとして適している可能性が高いでしょう。

また、すべてのディテールをポリゴンで表すのではなく、テクスチャマップにペイントすれば、ポリゴン数を抑えられます。たとえば、ベルトやボタンは単独でモデリングせず、人物の胴体モデルに直接ペイントし、追加マップでディテール、光の反射、不透明度を強調します。簡単に言えば、複数のマップを追加してモデルを包み、実現したいルックを再現するのです。

アーティストはスケッチを完成させるときに、「測定システム」や「レイアウト ガイドライン」を知っておく必要があります。これによって創造性が妨げられたり、デザインを主導したりしてはいけませんが、最終成果物のプロダクションは常に頭の片隅に置いておきましょう。2Dスケッチを3Dプログラムに直接取り込むことはよくあります。そして多くの場合、ゲーム内のアセットは片側しか見られません。

衣装で大事なのは、「ルック」「キャラクター」「ストーリー」です。ゲームキャラクターのユーザーインターフェースやスキンの変更には、多くの場合、衣服やアクセサリーも含まれます。

今日の衣装デザイナーは、ゲーム・映画・玩具のデザイン／コンサルティング パイプラインにおいて、重要な一部を担いつつあります。

以下は、Jaime Staggによる寄稿です:

私がラグーナ・カレッジ・オブ・アート＆デザインで受けた教育について簡単にお話ししましょう。当初はイラストを専攻していたのですが、選択科目で彫刻クラスを受講したことが「別の道」を模索するきっかけとなりました。すぐに彫刻のとりこになった私は、3Dキャラクターに重点を置いたゲームアートの美術学士過程があると知り、専攻科目を変更しなければならないと思いました。

在学中にSandyの「アート オブ コスチューム」クラスを受講したとき、あるひらめきがありました。クラスの序盤、人物画のスケッチやペイントで少し苦戦していた私は、Sandyを説得し、すべての人物画のクラスと「不死者（イモータル）」プロジェクトを「ZBrush」で行うことにしたのです。これはスカルプティングの上達に多いに役立ちました。ZBrushでスケッチを学び、スピードスカルプトを習得すると、それは私の中にある種の怪物を生み出しました。

それ以来、私はすべてのプロジェクトをデジタルスカルプティングしたいと思うようになりました。中世後期のブロケードドレスの重厚な織物から、バロック時代やロココ様式の構造化された下着に至るまで、さまざまなテキスタイルや素材のスカルプティングを学びました。イラストと違い、スカルプトで作成した人物はあらゆる角度から見ることができます。こうしてクラスを受けていくと、「マントを首に巻く方法」や「クリノリンのフリルが裏で縫い付けられている方法」について、もっと知りたくなりました。個人的に感じたのは、スカルプティングによって「衣装全体を構成する層について深く考えるようになった」ことです。最初の頃は、この新しい試みがうまくいっているかわかりませんでしたが、諦めずに継続しました。そしていつしか、衣装のスカルプティングを仕事にしたいと思うようになりました。

現在、私はフリーランス 3Dデザイナーとして玩具メーカーのハズブロで働き、『My Little Pony Equestria Girls』から『Star Wars Forces of Destiny』に至るまで、あらゆる種類の玩具・遊具・クリーチャー・人形を制作しています。制作に関わった多くの人形では、靴・バッグ・ベルト・ジュエリーなどの衣装やアクセサリーをスカルプトしました。特に『Star Wars Forces of Destiny』シリーズの人形には、マントやベストなどの布類に加え、多くのスカルプトした衣服を着せていました。これらは言わば、着せ替え人形とアクションフィギュアを掛け合わせたものです。私が担当しているのはスカルプトしたパーツだけですが、Sandyのクラスで学んだささまざまな衣服と現在作っている玩具の衣服には、重なる部分もたくさんあります。私はクラスで気づかないうちに衣服の制作方法、さまざまな織物の垂れ方、体に着せたときの見え方に関する膨大な知識を蓄積していたのです。これは多くの衣服を扱うプロジェクトを担当するときに、欠かせないものになっています。

カレッジで服飾造形を学びながらスカルプティングしたことは、私のキャリア（玩具の衣装デザイン）でとても役立っています。いま手掛けている玩具の多くには「可動部」や「関節」があります。たとえばシャツの作りを考えてみると、側面や肩周りのアームホールにある縫い目によって、肩関節に自然な区切りができます。また、玩具制作ではモデル内を空洞にして分割することがあるのですが、私はよく、服の縫い目を基に分割する位置を決めています。そうすれば、モデルをプリントして組み立てたとき、縫製の線を衣服の構造内に隠すことができます。

ここまで衣服について多く述べてきましたが、本当に重要な要素（そして私のお気に入りの部分）は「アクセサリー」です。玩具用のアクセサリーの役割は、衣装のルックを引き締め、仕上げることです。パドメの革ベルトのバッグやディズニープリンセスの宝石をちりばめた冠は、この仕事の最も楽しい部分であり、キャラクターを通じたストーリーテリングにおいても重要です（私がこのように考えるのは、カップケーキにのせるフロスティングのように、アクセサリーが衣装の仕上げになるからかもしれません）。

玩具のスカルプトを行うときは、必ず2Dデザイン（通常はモデルの正投影図）から始めます（**図8.1**）。

このときのちょっとしたコツを紹介しましょう。まず、Photoshopで1つのビューを正方形に切り取り、テクスチャとしてZBrushにインポートします。[Plane3D]ツールを開いて[ポリメッシュ3D化]を実行したら、[ジオメトリ]タブの[ディバイド]を5回押します。テクスチャとして読み込んだ正投影図の1つを選択、RGBがオンになっていることを確認し、[ポリペイント]タブの下で[テクスチャからポリペイント化]を選択します。残りのビューについても、[Plane3D]を複製して同じ手順を繰り返し、それぞれの軸に合わせて配置。セットアップを終えたら、ベースモデルを[アペンド]（追加）して正投影図に合わせましょう。これで、スカルプティングを開始できます！ 私がこの手法を気に入っているのは、多くの手間が省けるからです。この手法を使うときは、必ず[Dynamic Perspective]をオフにしてください（[P]キー）。

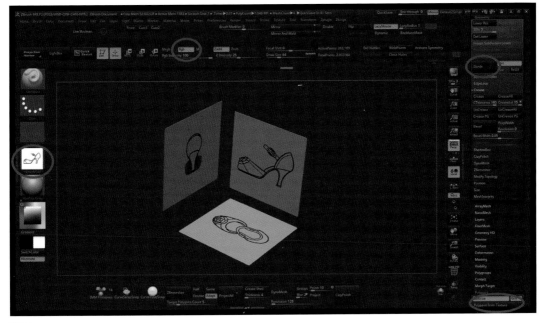

図8.1
Jaime Stagg

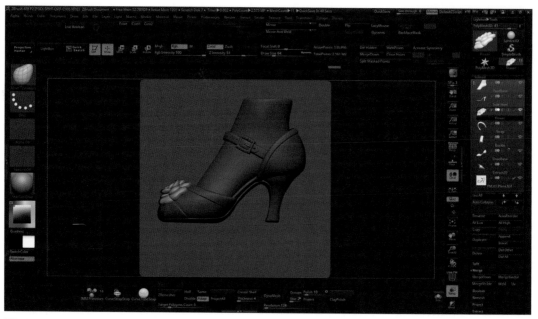

図8.2
Jaime Stagg

もっと手っ取り早い方法がよければ、ZBrushの［ウィンドウ透明度］をオンにして、正投影図をプログラム
の後ろに配置し、メッシュを合わせて並べます。ただし、数日から数週かけてもっと複雑なモデルをデザイ
ンするときは、これが最適とは限りません。この方法を使うなら、モデルの方向を保存しておくと便利です。
［ドキュメント］＞［ZAppLinK］でビューを保存すると、特定の方向（正面／背面／左右など）へ素早く切り
替えられるようになります。イメージを並べ終えたら、体のスカルプティングから開始しましょう。たとえ、
それが衣装の下に隠れるとしても、良い土台を作ることはきわめて重要です。ZBrushを使えば、作成した体
のモデルから簡単にメッシュを抽出できるでしょう。この方法は、他の衣類のベースメッシュを作るのにも
最適です（**図8.2**）。

私はZBrushを使い始めてから作成、収集してきたすべての素材サンプル・アルファ・カスタムブラシを
Dropboxに保存しています。玩具制作であれ、ゲームのモデル制作であれ、こういったリソースを持つこと
はとても重要だと思います。最後にもう1つだけアドバイスするなら、できるだけ多くの物をスカルプティ
ングし、練習してください！

衣装制作は物心ついたときからずっと趣味でしたが、それがキャリアに影響するとは思ってもみませんでし
た。私は衣服の作り方と同じくらい玩具の作り方にも興味があります。今回、Sandyに寄稿を依頼されたと
きは緊張しましたが、同時に光栄に思いました。彼女のクラスが、私のキャリア形成にどのように役立った
かを振り返ることができて嬉しく思います。ぜひ、スカルプティングを継続してください！

次は、Anna Sakoiによる寄稿です：

ビデオゲームは共同作業のアート形式です。優れたチームが協力して作業すれば、美しい刺激的なものを生
み出せるでしょう。作業しやすい適切なデザインを作るには、衣装デザイナー／コンセプトアーティストが
チームのメンバー全員と緊密に連携し、パイプライン全体を熟知しておく必要があります。私はSuper Evil

Megacorpの3Dキャラクターアーティストとして、チームのコンセプトアーティストと密接にやりとりしながら、ゲーム『Vainglory（ベイングローリー）』のヒーローやスキンを制作しています。

では、3Dキャラクターアーティストの仕事とコンセプトアーティストの関係を考察してみましょう。私のスタジオでは、3Dキャラクターアティストがモデリングとテクスチャリングを担当します（他のスタジオでは、これらをいくつかの役割に分担する場合もあります）。3Dキャラクター制作とは、2Dデザインを読み取り、それを3D空間に存在するものに変換することです。アートスタイルや個人的な好みにもよりますが、一般的なワークフローは以下のようになります：

1. プロポーションと形を確立するためのブロックアウト
2. すべてのディテールを含む高解像度モデル制作
3. ゲームエンジンで使用する低解像度モデル制作
4. 色や鏡面反射性などの表面特性を与えるテクスチャ制作

コンセプトを受け取ったときにモデラーとして最初に確認するのは、「必要なすべての情報が含まれているかどうか」です。これはデザインの複数のビューも含みます。最も重要でわかりやすいビューは正面と背面ですが、もう1つの重要なビューはゲーム内でキャラクターを見るカメラアングルです。たとえば、MOBA（マルチプレイヤー オンライン バトル アリーナ）の場合、私が制作するキャラクターはトップダウンビューで小さく表示されます。私たちのゲームはモバイル端末で動作し、スマートフォンの画面では半インチ（1.3センチ）程度で表示されます。よって、その角度からデザインし、プレイヤーに見えるものを計画しています。スタジオによっては正投影のターンアラウンド（正面／側面／背面）を依頼されるかもしれません。これらは特定の状況には適していますが、私の経験から言うと「スリークォータービュー」の方が、ボリューム感やキャラクターを覆う要素をしっかり把握できると思います。また、すべてのビューが互いに一致する正確な正投影図を作るのは難しく、一致しない場合、かえってモデラーを混乱させることもあります。

そして、モデラーが基本的に何も推測しなくてよい程度まで、コンセプトの解像度を十分なレベルにしてください。大まかなスケッチ風のドローイングやペインティングはとてもきれいですが、解釈するときに混乱させるかもしれません。リファレンス写真や素材のコールアウトも非常に役立ちます。たとえば、織物の種類（絹・リネン・革・ベルベットなど）を知っておくことは大事です。なぜなら、それぞれに全く異なる物理特性があり、スカルプティングとテクスチャリングに影響するからです（コンセプトを正確に再現するには、モデラー自身も衣装について学ぶことがきわめて重要です）。

3Dで衣服を制作するときは、真実味のある構造を念頭に置いています。2Dではごまかせても、3Dでは実際に体の周囲に作られるため、ごまかしは効きません。モデラーの中には、Marvelous Designerのようなクロスシミュレーションを使う人もいます。このプログラムでは、体の周囲に布パネルのデジタルの型紙を作成して、縫い合わせる場所を指示します。こうしてシミュレーションを実行すると、物理的に正確な方法で衣服にドレープ（ひだ）を作成できます。ただし、これはシミュレーションなので、デザインが実際に機能的でなければうまくいきません。

技術面でも考慮すべき点がいくつかあり、これらは、ゲームが提供されるプラットフォームに左右されます。『Vainglory』は、スマートフォン／タブレット／デスクトップPCでプレイします。スマートフォンとタブレットはPCやコンソール機に比べて処理能力が低く、グラフィックスに制約があります。一方で最新のAAAゲームでは、制約が大幅に少なくなっています。

最初に考慮すべき技術的事項は、「**三角ポリゴンの数**」です。ゲームエンジンはモデルを1つずつレンダリングしなければならないため、効率的に処理できる量に限界があります。多くの三角ポリゴンを使用する代表的なものに、丸み・トゲ・くりぬいた穴などがあります（それらはシルエットに影響するため、より多くのジオメトリが必要になります）。

もう1つの技術的な検討事項は「**シェーダ**」と、それに読み込まれる「**テクスチャ**」です。私が手掛けているゲームの基本シェーダは、4つのテクスチャマップ（カラー／スペキュラ（グレースケール）／法線／エミッシブ）のみで、それぞれモデルの異なる側面を調整します。たとえば、スペキュラマップやグロスマップは、光の反射性や素材の光沢／マットの度合いを決定します。『Vainglory』のシェーダでは、グロスマップを使わずに一定の明度を持たせただけです。またスペキュラマップはグレースケールなので、正確な金色のマテリアルを作るには黄色のスペキュラカラーが必要になります。エミッシブマップに黄色を加えると、ある程度まねることはできますが、このシェーダで金色とクリアコートのアクリル絵の具のようなものを区別するのは容易ではありません。これは少し古いタイプのシェーダで、今日使われている多くのシェーダにこうした制約はないものの、デザインするときに理解・考慮すべきことの1例です。このようにして適切な計画を立てておくと、ゲーム内で期待どおりのデザインになるでしょう。

テクスチャマップのサイズも知っておいてください。『Vainglory』のテクスチャは、ゲーム内で512×512ピクセルにサイズが縮小されます。これは、すべてのテクスチャ情報を収めるためのピクセル数なので、決して多くはありません。複雑なパターンの場合、ピクセルが不足してきれいに（はっきりと）表現されないこともあります。しかし、これにはコツがあり、シンメトリーとオーバーラップを使った賢いUVによって、スペースを節約することができます（UVはモデルを2Dにレイアウトしたマップのことで、モデルのどこにテクスチャを適用するか決定します）。

私は時々、モデルの重要な領域に多くのUV空間を割り当てています。MOBAのトップダウン カメラアングルの話に戻りますが、ゲームキャラクターで最もよく見える部分は頭部と胴体です。このとき、空間を最大限に活用するテクニックは、「下半身よりも頭部と胴体のサイズを少しだけ大きくすること」です。

キャラクターのスキンや衣装を作成するときは、特に配慮すべきことがいくつかあります。既存キャラクターを別の空想で着せ替えるスキン（アバターの外観を変更するアイテム）は非常に楽しいものですが、「元の状態からどれくらい変更できて、どれくらい現状維持すべきかを知っておくこと」が大切です。通常、スキンはキャラクターのオリジナル版と同じリグやアニメーションを使い、コンセプトアーティストはその範囲内でデザインしなければなりません。たとえば、それまでズボンを履いていたキャラクターにロングドレスを着せることはできません。この種のデザインにはこういった制約があるため、面白いものを作るのに苦労しているのが実情です。

ここまで3Dアーティストの思考プロセスをざっと見てきましたが、コンセプトとモデリングはゲームアートパイプライン全体の最初の数ステップに過ぎず、そのあとの工程（リギング・アニメーション・ビジュアルエフェクト）でも学ぶべきことはたくさんあります。最終的には「協調」と「理解」が、満足度の高いチームメイト、円滑なプロセス、そして成功するデザインにつながるため、ゲーム開発に関連するどんな知識でも習得する価値はあるでしょう。

Sandy Appleoff Lyons

9章

エジプト（紀元前3000～紀元前600年）

エジプト

まだ正午にもなっていないのに、太陽の光はナイルの河岸の砂地に反射しています。チェイニーとレイは、父が畑で収穫した「亜麻」を束ね、頭の上に乗せて歩いています。小麦よりも先に収穫される亜麻は、リネンの作成に必要な作物でした。

リネンを硬化したり、プリーツ加工したり、ゴッファリング（アイロンで加熱してひだを作成）したりする技術は、古王国時代よりも後のドレスにふんだんに使用されました。そのカラーパレットは、ワインレッド・テラコッタ・黄・緑・藍・ライトブルーの範囲で、白と黒も多用されています。

亜麻はナイルの贈り物と考えられていたため、エジプト人が身につけた数少ない衣服はリネン製でした。女性の衣服は1枚の織物であることが多く、さまざまなスタイルで巻き付けられていました。成人男性や少年の衣服は、「ロインクロス（腰布）」から「シェンティ（シャツのような衣服）」までいろいろありました。

2人の母は熟練の織り手です。最新の織機を手に入れたばかりで、薄手の生地から厚手の生地まで織ることができました。チェイニーは「カラシリス」に身を包んだ母が、織機の前に座っている姿を思い浮かべました。彼女はその器用な手先で、織機に張られた経糸（たていと）の間に緯糸（よこいと）を素早く動かし、織物を作っていました。

---

*当時のシース型のドレスは「カラシリス(calasiris / kalasiris)と呼ばれ、紀元前3000年～紀元前300年の衣装には縫い目がほとんどありませんでした（体にぴったりと合う生地のドレスは「シースドレス」とも呼ばれます）。墓の研究は当時の衣装に関する確実な手掛かり（最適な情報源）で、ビーズをあしらったシースドレスは時代を超えて残っています。衣装に関する多くの情報は、古代絵画から得られるものも多いです。（**図9.1**）。*

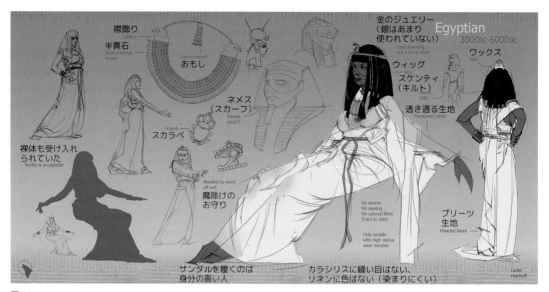

図9.1
David Heidhoff

「経糸（たていと）」を張った織機の幅で、織物の幅が決まります。経糸を横切る織り糸が「緯糸（よこいと）」で、織物の両端が「セルビッジ（耳）」です。セルビッジは織物の作っていく工程の結果であり、生地がほどけたり、ほつれたりするのを防ぎます。発見された最上級の織物の一部には、縦方向のスレッドカウント（面密度、打ち込み本数）が160もありました。19〜20世紀の最高級のオーガンジー生地でも150に達するものは稀でした。

図9.2はシンプルな織機の例です。シャトル（**図9.3**）は、織機の緯糸をきちんとコンパクトに収納するための道具、または織る際に織機の緯糸を運ぶ入れ物です。シャトルを経糸の間にある杼口（ひぐち）の中に投げ入れたり、反対側から手ですくい取ったりして、緯糸を通します。最も単純なシャトルは「スティックシャトル」と呼ばれ、平らな細い木片でできていて、両端に緯糸を引っかけるための切り込みがあります。より複雑なシャトルにはボビンやピンが付いています。

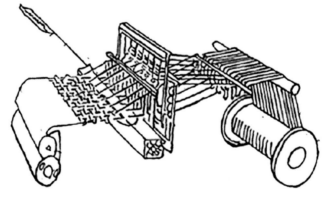

図9.2
Sandy Appleoff Lyons

図9.3
Sandy Appleoff Lyons

レイが急に全速力で走り出したので、チェイニーは物思いから覚めました。彼は剃り込まれた頭を上下に揺らし、風で膨らんだエプロン／ロインクロスがその後ろ姿を誇張していました（**図9.4**）。

図9.4
Ryan Savas

チェイニーは「レイを惹きつけたもの」に気づきました。裸足の指に地面を感じながらペースを上げ、まだ刈り取られていない亜麻の後ろに隠れている弟のもとへ向かいました。

エジプト王室の人々はセダンチェア（椅子かご）を使わずに歩いていて、その後ろには長い行列が続いています。王は白い冠（ヘジェト）をかぶっていました。

冠

- 青い冠（ケプレシュ）
  - 青く染められた布や革でできている
  - 戴冠式、祝勝、王族のために使用される
- 赤い冠（デシュレト）
  - 下エジプト（北）の支配者がかぶる
  - 頭上に蛇やコブラを付けた女神ウアジェトの象徴
- 白い冠（ヘジェト）
  - 上エジプト（南）の支配者がかぶる
  - ハゲタカの女神ネクベトの象徴
- 二重冠（プスケント）
  - 上エジプトと下エジプトの統一支配の象徴としてファラオがかぶる（図9.5）

膝丈の白い「シェンティ」は、歩くたびに浮かび上がる2枚めの透明のシェンティで覆われています。それは糊付けされた三角形の前垂れと対照的で、チェイニーの視線をつま先がカールした履物へと向かわせました。王の隣には、白いカラシリスを着た長い黒髪の妻が付き添っています。その衣服は熱アイロンでひだがつけられており、腕には金の腕輪が巻かれています。しかし、両親が話していた金の襟飾りはありませんでした（図9.6）。

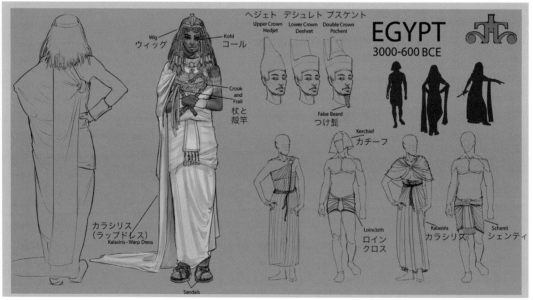

図9.5　上エジプトの支配者がかぶるヘジェト、下エジプトの支配者がかぶるデシュレト、上下エジプトの支配者がかぶるプスケント
John Lam

EGYPT
3000 - 600 B.C.
NATACHA NIELSEN

③④ Necklace

White Crown of Upper Egypt ③⑤
Hedjet

Red Crown of Lower Egypt ③⑥
Deshret

Combined Crown ③⑦
Pschent

Blue Crown of War ③⑧
Khepresh

MATERIALS

GOLD 金

LINEN リネン

SILK 銀

LAPIS LAZULI ラピスラズリ

JASPER 碧玉

STEATITE ステアタイド

WOOL ウール

QUARTZ 石英

CARNELIAN カーネリアン

TURQUOISE ターコイズ

① Decorative apron worn by upper class men/royalty

Blue/white headdress

Gold collar also worn by men ④

② Shent

⑤ Bracelets worn by nobel men

False beard ⑥

Animal skin worn by royalty ⑦

Makeup also worn by men ⑧

⑨ Sheer overskirt began in Middle Kingdom

Men shaved head under wig

Locks of Horus or Youth (Royal boys) ㉒

Scented wax cone ㉓

Khepresh worn in New Kingdom ㉟

Women also wore lotus blossoms in their wig ㉗

⑪ Flat topped crown with shaved head worn by Nefertiti

Some sandels curled at ends

⑩

Khol eye makeup ㉔

Gold Collar with precious stones ㉕

Counter-weight for gold/gem collar ㉖

Sheer Linen Calasiris ⑫

⑲ Women wore earrings

⑱ Sheath Dress or Calasiris

Wig of wool or palm fiber ㉑

Flail ㉙

Gold bracelets and jewelry inlaide with precious gems ㉘

Linen dress wrapped about the body with minimal seams ㉗

⑬ Kohl eye makeup

⑰ Matching wrist and ankle bracelts

⑯ Beaded Calasiris

⑮

Crook ㉚

Rings of gold and precious stone ㉛

Nefertiti was a symbol of beauty and fertility, often depicted in sheer fabrics

Nature inspired ring (Scarab) ㉜

⑭ New Kingdom - Shoes wore exlusively by people of status

Sandels, worn by upper class ㉝

図9.6
Natacha Nielsen

①上流階級の男性や王族が着用する装飾的なエプロン ②シェンティ ③青と白の髪飾り ④男性用の金色の首飾り ⑤高貴な男性が身につける腕輪 ⑥つけ髭 ⑦王族が着用した動物の皮 ⑧男性もメイクをする ⑨シースルーのオーバースカート、起源は中近東の王国 ⑩つま先が曲がっているサンダル ⑪王妃ネフェルティティは剃った頭に平らな冠を被った ⑫透き通るリネンのカラシリス ⑬コール（アイメイク）⑭新王国時代に身分の高い人が履いたサンダル ⑮王妃ネフェルティティは美と豊穣の象徴であり、透けている生地で描かれていた ⑯ビーズをあしらったカラシリス ⑰手首と足首のブレスレットはお揃い ⑱シースドレスまたはカラシリス ⑲女性はイヤリングをつける ⑳男性は剃った頭の上にウィッグをつけた ㉑動物の毛やヤシの繊維のウィッグ ㉒王族の男子の髪型（ロック オブ ホルス）㉓香りのついた円錐形のワックス ㉔コール（アイメイク）㉕貴石の入った金の襟飾り ㉖襟飾りのおもし ㉗女性のウィッグには蓮の花があしらわれている ㉗リネンドレスは、最小限の縫い目で体を包み込む ㉘貴石を使った金のブレスレットやジュエリー ㉙殻竿 ㉚杖 ㉛金や貴石の指輪 ㉜自然由来の指輪（スカラベ）㉝上流階級が履いたサンダル ㉞ネックレス ㉟上エジプトの支配者がかぶる白い冠、ヘジェト ㊱下エジプトの支配者がかぶる赤い冠、デシュレト ㊲上下エジプトの支配者がかぶる二重冠、プスケント ㊳青い冠（戦の冠）、ケプレシュ ㊴新王国時代の王がかぶる

裕福な人たちは、ビーズ細工や金属細工の襟飾りを身につけました。エジプト人は銀を珍重しましたが、エジプトでは産出されなかったので、輸入に頼っていました。エジプトは半貴石の産地で、それらは衣装や宝飾品にもふんだんに使われています。エジプトの金細工職人は高い技術を持っていました。

王と王妃の間にいる少年は、「ロック オブ ホルス」と呼ばれる髪型、金のイヤリング、そして短いシェンティを身につけ、周囲の楽しそうな態度とは対照的にまっすぐ前を見ています（**図9.7**）。行列の中には、目の周囲に「コール」と呼ばれる黒いアイメイクを施したエキゾチックなダンサーもいて、その裸体を強調する薄い生地を着ていました（**図9.8**）。

エジプト人は性別や社会的地位にかかわらず、美容や治療目的のために化粧品を使用しました。高温の大気から身を守るため、オイルや軟膏を肌に塗り込んでいたのです。最もよく使われたのは「白化粧」と、炭素・硫化鉛（方鉛鉱）・酸化マンガン（軟マンガン鉱）を使った「黒化粧」、そしてマラカイト（クジャク石）などの銅系鉱物を使った「緑化粧」です。また、赤土を砕いて水に混ぜ、ブラシで唇や頬に塗ったり、ヘナを使って爪を黄色やオレンジに染めたりしました。

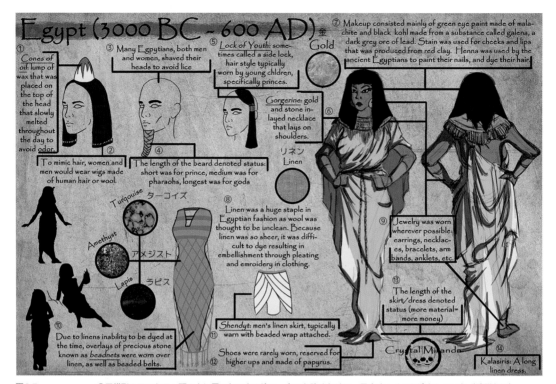

図9.7
Miranda Crowell

①円錐形のワックス：頭の上に置いたロウの塊で、臭いを防ぐために一日中ゆっくりと溶かしていた（諸説あり）
②髪の毛に似せて、女性も男性も人毛や動物の毛のウィッグをつける
③エジプト人の多くは、男女ともにシラミ対策で頭を剃っていた
④髭の長さは自分を表す。短い髭は王子、中間はファラオ、長い髭は神々のもの
⑤ロック オブ ユース（Lock of Youth）：ロック オブ ホルスやサイドロックとも呼ばれる子ども（特に王子）の髪型
⑥ゴルジェリン：金や石をはめ込んだネックレスを肩に掛ける
⑦化粧は主にマラカイトから作られた緑色のアイペイントと、ガレナと呼ばれる暗灰色の鉛の鉱石から作られた黒色のコールを使用。頬や唇には、赤土から作られたステインが使われていた。古代エジプト人はヘナを爪に塗ったり、髪を染めたりしていた
⑧エジプトではウールが不浄なものとされていたため、リネンが活躍した。リネンは透け感があるため染色が難しく、プリーツや刺繍などの装飾が施された
⑨イヤリング・ネックレス・ブレスレット・アームバンド・アンクレットなどのジュエリーをあらゆる部位につける
⑩当時、リネンは染色できなかったため、リネンの上に「ビーズネット」と呼ばれる宝石を重ねたものや、ビーズのベルトを着用
⑪シェンティ：男性用のリネンのスカートで、一般的にビーズが巻きつけられている
⑫ほとんどの人は裸足。高位の者だけがパピルスで作られた履物を履いた
⑬スカートやドレスの長さが身分を表していた（素材量 ＝ 裕福度）
⑭カラシリス：リネン製のロングドレス

王族の衣装を着た男たちが空のセダンチェアを肩に乗せて通り過ぎると、2人は息をのみました。後に続いたのは花を運ぶ男女の行列で、頭の上に「円錐形のワックス」をのせている人もいました（**図9.9**）。

当時の女性は、塗装された円錐形のワックスを使いました。エジプト新王国時代の女性は、ラップスカートやシースドレス・複雑なラップドレス（巻き衣）・バッグチュニック・ショール・長いマント・サッシュ・ストラップを身につけ、身分の高い人だけがサンダルを履きました。動物の毛、亜麻、ヤシの繊維で作られたウィッグ（かつら）は一般的で、女性のものは長めでした。

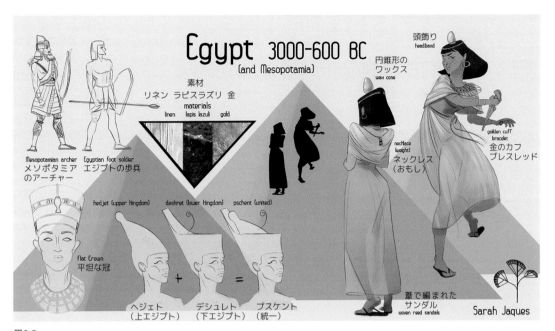

図9.8
Sarah Jaques

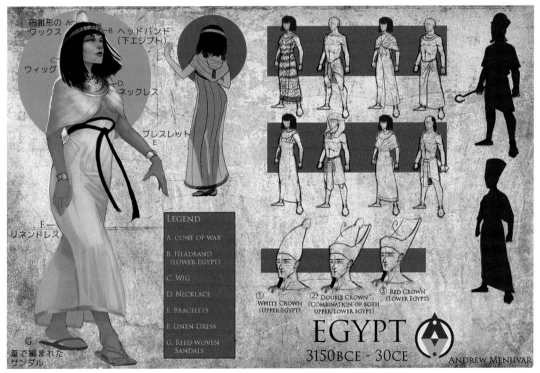

図9.9　①白い冠（上エジプト）②二重冠（上下エジプトの組み合わせ）③赤い冠（下エジプト）
Andrew Menjivar

チェイニーもレイも年齢の割に幼く見えるため、他の子どもに比べて特別扱いされることがよくありました。10か月しか離れていないため双子のように育ち、両親がどちらかを呼べば、もう1人も見つけることができました。

チェイニーは祖母から聞いた「家族の中に"あざ"を持って生まれてきた人がいて、時間の影響を受けなかった」という話を思い出していました。両親が年を取り、自分たちの時間がゆっくり流れていくのを見ていると、その話がいよいよ現実味を帯びていました。祖母は「おまえたちの頭には金色の"あざ"がある、それは王族の"不死の印"なのだ」とよく言っていました。

レイが再び風のように走り出すと、チェイニーは我に返り、すぐに後を追いかけました。

エジプトの用語
この時代の布のドレープ（ひだ）は、仕立てよりも重要でした。エジプト人が複雑な方法で布を折り畳んでいた様子に着目してください。あらゆるものを手縫いしなければいけないため、縫製は最小限に抑えられています。

素材
- リネン生地：とても暑い気候のため、最もよく使われた
  - 硬くしてプリーツを作ることができる
  - 亜麻が原料
  - 通常は白のまま使用
  - 少し透けている
- 革と絹は交易を通じて入手し、通常は貴族階級だけが身につけた
- 半貴石（アメジスト・ラピスラズリ・ターコイズなど）のビーズ
- ルース（裸石）の装飾
- 金
- ジュエリー

男性
1層め
- ロインクロス（腰布）
  - 主に保護目的で着用
- 保護具
  - 下にロインクロスを着用
  - 主に兵士や船乗りが使用

2層め
- エプロン／ロインスカート
  - 労働者が着用
  - 腰に巻き付けた長めの生地
  - サッシュやベルトで固定されている
- バッグチュニック
- シェンティ（またはキルト）
  - サッシュやベルトで固定されている
  - 主に貴族階級が身につけた

女性
　1層め
　　・ロインクロス（腰布）
　　　– 男性のものより長く、アンダースカートに似ている
　2層め
　　・カラシリス（ラップドレス）
　　　初期のもの
　　　　– 伝統的なもの（男性も着用）
　　　　– 1枚の布でできている
　　　　– 肩に掛ける
　　　シンプルなもの
　　　　– 体に巻き付ける（筒状）
　　　　– 1〜2本の肩紐で固定して着ることもできる
　　　複雑なもの
　　　　– ひだがより装飾的
　　　　– サッシュとともに着用
　　・Vネックのドレス
　　・バッグチュニック
　3層め（任意）
　　・オーバースカート
　　　– ビーズが施されている

上着（男女共通）
　・ショール（肩掛け）
　・外套

かぶり物
　・帽子
　・スカーフ
　　– 髪全体または一部を覆う
　　– 長いものと短いものがある
　・ウィッグ（かつら）
　　– 馬毛、亜麻、またはヤシの繊維でできている
　　– 香りのために円錐形のワックスを乗せる（諸説あり）
　　– 裕福な人々が身につける

服飾品／化粧品
　・コール
　　– 黒いアイメイクの1種で、男女ともに使用
　・襟飾り
　　– ビーズや半貴石が施された幅広の金の襟飾り
靴
　・特別な行事や荒れた土地でない限り、一般的にエジプト人は裸足
　・サンダル
　　– 革またはパピルスでできている

子ども

・多くの子どもは、5歳くらいまで裸のまま

ファラオ／貴族階級

・動物の皮や毛皮（革以外）はとても神聖なもので、聖職者やファラオのみ着用を許されていた

ネメス

・ファラオが被った頭巾
・ファラオの冠と一緒に着用された布製のもの

つけ髭

・女性ファラオが男性的な強さを表すために身につけた。男性貴族も儀式で着用（**図9.10**）
・力の象徴

杖と殻竿

・杖＝王権
・殻竿＝豊穣

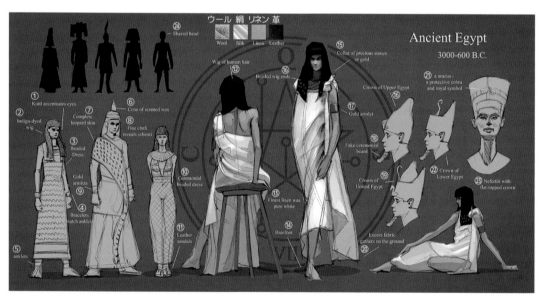

図9.10
Andrew Tran

①目元を強調するコール ②藍色に染められたウィッグ ③ビーズのドレス ④ブレスレットとアンクレットはお揃い ⑤アンクレット ⑥香りのついた円錐形のワックス ⑦ヒョウ皮 ⑧上質な布でシェンティを表現 ⑨金の腕輪 ⑩儀式用のビーズのドレス ⑪革のサンダル ⑫人毛のウィッグ ⑬最高級のリネンは純白 ⑭裸足 ⑮金や貴石の首輪 ⑯上エジプトの冠 ⑰金のアムレット ⑱儀式用のつけ髭 ⑲統一エジプトの冠 ⑳余分な布が地面に集まる ㉑王家のシンボルの身を守るコブラ、ウラエウス ㉒下エジプトの冠 ㉓王妃ネフェルティティの冠は上部が平らになっている ㉔剃られた頭部

10章
ミノアとギリシャ（紀元前2900～紀元前300年）

Sandy Appleoff Lyons

ミノアとギリシャ

レイはクレタ島の「線文字A」が得意でした。チェイニーはエジプトの象形文字や神官文字には自信がある
のですが、今回は弟についていくのがやっとです。彼女は粘土板を投げ捨て、両手を上げて、他にやるべき
ことを考えました。そして、細いウエストにベルトできつく留めた「ベル型スカート」のほこりを払い、ク
ノッソス宮殿へ向かうことにしました。明るい模様のスカートは歩くとしなやかに動き、手縫いの生地は体
にぴったりフィットしています。このボディスには少し慣れが必要でした。また、彼女は年齢の割に比較的
胸が大きかったものの、年上のミノア女性には及びませんでした。それに胸を露出していると、エジプトの
子どもに戻ったような気がしました（**図10.1**）。

図10.1
Paulina Carlton

チェイニーのスカートと同様に、多くのミノア女性も腰からベルの形に広がったスカートを履いています。その生地にはたくさんの飾りが付いていて、フリルや層になったギャザー（放射状に広がるひだ）もよく使われました。チェイニーはベルトをぐいっと締めましたが、幼い頃から金属のベルトで締め付けている若いミノア女性にはかないません。女性たちはみんな細いウエストをしていますが、よくよく考えてみると、少年も成人男性もベルトを締めていることに気づきました。

ミノアでは細いウエストが重視され、男女共に金属製のきついベルトでウエストを締め付けていました。これらのベルトを幼い頃から身につけ、腰の成長を止めていたと考える歴史学者もいます。

多くの年月が過ぎましたが、2人の外見は10代の頃と変わりません。レイもチェイニーも年を取りませんでした。彼女が肩越しに振り返ると、身長の伸びたレイが背を向けて立っていて、「ロインクロス（腰布）」を覆うスカートから「タッセル（房飾り）」が尾のように揺れています。多くの男性は、性器を覆って保護する装飾的なパーニュやシースをつけ、中にはタッセルやフリンジの付いた長いエプロンを前後につけている者もいます。これらの小さい衣服は、細部までこだわって作られていました。一方、ロインクロスはリネン・革・ウールなどのさまざま素材から作られ、明るい色や模様で装飾されています。

ミノア文明初期の男性は上半身裸でしたが、後期には簡単なチュニックや長いローブを着ることが多くなりました（**図10.2**）。

図10.2　①馬毛のクレスト（兜飾り）②コリント式兜 ③威圧感のある青銅のキュイラス ④青銅の盾（内側は革製）⑤青銅のすね当て
Jino Rufino　⑥革のサンダル ⑦クラミュス（マントの一種）⑧キトン ⑨サイフォス（鉄の剣）⑩胸当ての前後をストラップで繋ぐ ⑪フィブラ（キトンを留めるピン）⑫イオニア式キトン ⑬学者によく見られるつばの広い帽子 ⑭通常のキトンは男女兼用で、シルクやリネンでできている ⑮ドーリス式キトン ⑯色や柄の多い衣服 ⑰ペプロス（女性のみ）⑱金髪を上品に保つために編み込まれた髪 ⑲ベルトで締めたひだの層、上の折返しの部分はアポプティグマ ⑳ミノアの服装 ㉑ミケーネの服装 ㉒頭飾りと層になったスカートを着用、母権社会の男性はシャツを着ない ㉓幾何学的な模様のある高度な縫製で、乳房を露出している ㉔胴鎧、兜と短いチュニック ㉕ヘッドバンドと半透明のシュミーズ、インレイワークのジュエリーはミノア人と大差ない

チェイニーは踊るのが大好きで、歩きながらクルクル回っていました。彼女のダンスとレイの音楽の才能のおかげで食事や寝床には困りませんでしたが、チェイニーが本当に夢中だったのは、織り糸に使われていた色と染料、そして多くの生地に描かれていたパターン（模様）でした。

彼女は香辛料の取引で得られるサフランの「黄」と、アクキガイから抽出した強い発色の「紫」の染料を愛用しました。少量の染料を作るにも大量の貝が必要になりますが、ミノアではその染料を織物に多く取り入れていました。なぜなら、ミノア女性は生地の色や表現をこの上なく好んでいたからです。ほとんどのデザインは幾何学的で、自然をテーマにしたものが好まれ、花・魚・鳥などを鮮やかな色で描いた衣服も多く生まれました。チェイニーの衣服の中で最も色鮮やかだったのは、内部で2つに分かれたスカートで、紫とサフランイエローの明るい柄が入っていました。

> *ミノア人は、左右の脚が分かれている衣服を最初に作った民族の1つです。男性のロインクロスがトランクスに進化したように、ミノア女性も同じようなことをスカートで行い、大きめのガウチョパンツやキュロットのようなものになりました。*

チェイニーがクルクル回っていると、年上の女性の胸に顔をぶつけてしまいました。そして、女性の頭から、蛇のモチーフが巻き付いた円錐形の帽子が落ちそうになりました（**図10.3**）。

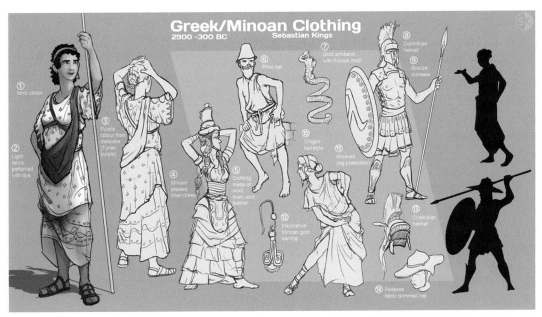

図10.3
Sebastian Kings

①イオニア式キトン ②染料で模様をつけた薄手の生地 ③軟体動物由来の紫色（貝紫）④ミノアのプリーツ リネンドレス ⑤ウール・リネン・革でできた衣服 ⑥ピレウス帽 ⑦ギリシャ神話の神クロノスをモチーフにした金の腕輪 ⑧コリント式兜 ⑨青銅の胸当て ⑩シニョンの髪型（束ねた髪をサイドや後ろでまとめる）⑪グリーブ（すね当て）⑫ミノアの装飾的な金の耳飾り ⑬カルシディアンの兜 ⑭ペタソス（布製のつば付き帽子）

チェイニーは短い滞在期間の中で、この社会が「母権制」であると知ります。そのため申し訳なさそうにしても、厳しい目を向けられたことに驚きはありませんでした。しかし、女性の耳や手首にぶら下がっている美しい金細工を見て目を輝かせると、その険しい表情は一転し、アクセサリーの素晴らしさを分かち合えたのでした。

それは、木の葉や動物をモチーフに美しい彫刻が施された金ボタン、樹木の年輪のように重ねられた繊細な彫金のネックレス、そしてその技術の粋を集めたものが、粒状の金を使ったネックレットでした。

世界の多くの文化において、「ミツバチ」は象徴的かつ重要な意味を持っており、母権制のミノア文明では特に重要な存在でした。地母神はミツバチに関連していると信じられていたため、儀式では蜂蜜が使われていたそうです。このようにミツバチは地母神の象徴として、助け合いや豊穣を表していました（図10.4）。

図10.4　①フィブラ（ピン）②ピレウス帽（ギリシャの縁無し帽）③イオニア式キトン④ギリシャ女性のアップヘアスタイル⑤ミノア
Sarah Pan　のミツバチのペンダント⑥ヒマティオン⑦ドーリス式キトン⑧藍やサフランで染められていた⑨ペプロス⑩ミノアのデンドラアーマー⑪イノシシの牙の兜⑫ミノアのドレス⑬グリーブ⑭多層になっているスカート⑮シルエット⑯セルビッジに沿って模様がついている、リネン・ウール・シルクから作られている

チェイニーは、レイが美しく細工された両刃の手斧を振るうところを思い浮かべ、男性の持つ武器の美しさに思いを馳せました。時の流れのおかげで、レイはあらゆる武器を使いこなせるようになりましたが、ミノア社会でその機会はほとんどありませんでした。チェイニーが振り返ると、武器のように鋭い目つきをしたレイが近づいてきました。何か気に障ることをしてしまったのでしょうか？

ミノアとギリシャの用語

ミノア人
体型に合わせて仕立てた衣服を着た。ミノア人は細いウエストにこだわりがある

男性
1層め
- ・ロインクロス（腰布）

2層め
- ・チュニックまたはスカート
    - スカートは、前後のどちらかが長くなっていることが多い

3層め
- ・ベルトで締めるロングローブ

女性
1層め
- ・ロインクロス（腰布）
    - アンダースカートのように長め

2層め
- ・ボディス
    - 半袖
    - 下に薄いシュミーズを着ることもある
    - 通常は胸を出している（異なる見解もある）
    - ベル型スカート
    - キュロット、またはガウチョタイプのスカート

3層め
- ・きついベルト

履物
- ・サンダル

大規模な海底火山噴火と、それに続くミケーネ人との衝突により、2人は荒廃したクレタ島からギリシャ本土へと移ります。

洗練された豊かな文明を築いたミケーネ人は、平和を好むミノア人よりもはるかに好戦的でした。ミケーネ人は、おそらくミノア人が弱っていたこのタイミングを選んで攻撃したのでしょう。ミケーネ人はトロイの都市を包囲したことで知られ、これは**ホメロス**の2大叙事詩『イリアス』と『オデュッセイア』に記されています。その後、数世紀にわたり、チェイニーとレイはギリシャ本土に住むことになります（**図10.5 - 10.7**）。

チェイニーとレイ - ギリシャ

ギリシャの歴史は一般的に3つの時期に分類されます。まず、北アフリカからギリシャの島々とギリシャ本土まで平和がもたらされた「アルカイック期」があり、次に「クラシック期」「ヘレニズム期」へと続きます。

図10.5
Kate McKee

①ギリシャの兜は馬毛で飾る ②コリント式兜 ③ローブやマントには、ウールの代わりに絹を使うようになった ④ギリシャの鎧 ⑤鎧は青銅製 ⑥ローブはピンで留める ⑦円盾はファランクス（盾の壁）に使われた ⑧青銅のグリーブは脚を守るために使用 ⑨ミケーネの鞘 ⑩鞘には複雑な金属細工が施されている ⑪顔を守るために青銅で作られた兜 ⑫遠距離戦は槍を使用 ⑬両頭の斧をデザインした最初の文化 ⑭ローブを留めるブローチ ⑮ミノア人 ⑯細いウエストを偶像視し、ベルトできつく締めていた ⑰ロインクロスやキルトを着用 ⑱鎧の胸当ての下に革片を垂らす ⑲肩にピンで留める、ドレープやひだでウエストにフラップを作る ⑳イオニア式 ㉑キトンのローブ ㉒ドーリス式 ㉓ヘレニズム期 ㉔胸を覆うように紐を付ける ㉕ジュエリーによく描かれているミツバチ ㉖ミノア人 ㉗王族が着用した紫 ㉘ブローチで袖を作る ㉙乳房が露出したドレスを着ることが多かった ㉚ベル型スカートを着用 ㉛女性たちは細いウエストを偶像視した ㉜紫色を作った最初の文化 ㉝クラミュス ㉞コートの上に大きなブランケットを羽織る ㉟イノシシの牙で作った兜 ㊱ミケーネの鎧 ㊲ミケーネ人 ㊳ピレウス帽 ㊴ペタソス ㊵フリジア帽 ㊶ギリシャの帽子

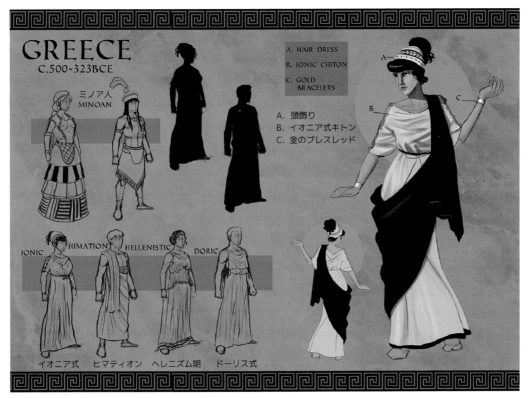

図10.6
Andrew Menjivar

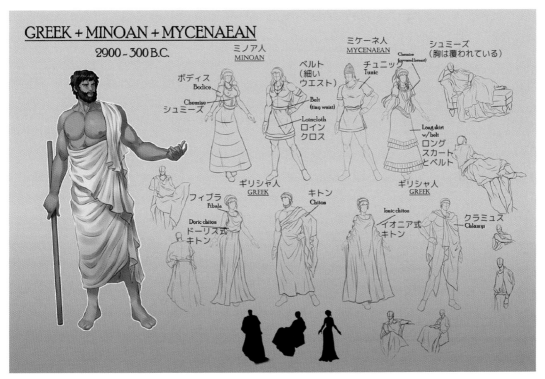

図10.7
Adrian Romero

レイはあまり興味なさそうに馬を見ていました。彼は裸足で、馬に乗るために「キトン」を肩に掛けていますが、チェイニーのように生き物好きではありません。それでも、自分を楽しませようとしてくれることにチェイニーは感謝しました。

ギリシャでは、女性が屋外に出る機会がほとんどありませんでした。大抵の場合、機織りや家事をしていました。

レイが計画した内緒の短い外出が、1日の中で最も楽しいひと時でした。ここは、女性に敬意が払われていたミノア社会とは対照的です。チェイニーの衣服もキトンですが、ミノアのぴったりした服装と違い、ギリシャのチュニックやキトンの方が自由に体を動かせました。これらの衣服には縫製がほとんど（あるいはまったく）なく、ゆったりして身体のラインが出ないため、チェイニーは自分の魅力を伝えるための身のこなしをより意識するようになりました（図10.8）。

年月の経過とともに、2人は「ミノアのタイトで人工的なライン」から「ミケーネの野蛮な印象のもの」「アルカイック期の構造的で幾何学的なもの」に至るまで、さまざまな衣装を目にしました。そして、最終的に「クラシック期の美しいドレープが施された理想の衣装」へ開花していくのを目の当たりにしたのです（図10.9）。

チェイニーもレイも、ギリシャ文化の中ではずっとキトンを着ていましたが、これも時代とともに変化しました。レイの短い**ドーリス式キトン**は、フィブラで1つの肩にピン留めされ、チェイニーのキトンは両肩にピン留めされていました。どちらも腰をベルトやガードル（胸帯）で締めますが、ドーリス式キトンの場合、女性は衣服の上端を折り返して胸の上に垂らしていました（図10.10）。

図10.8
Breanna Guthrie

図10.9
Grace Kim

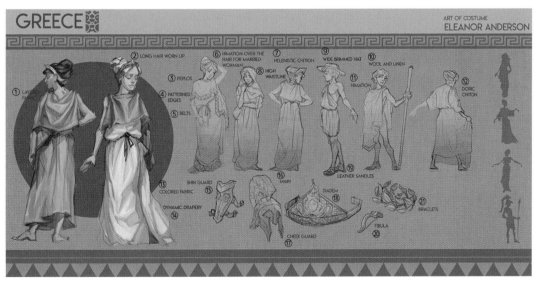

図10.10
Eleanor Anderson

①重ねられた生地 ②ロングヘアのアップスタイル ③ペプロス ④模様がついた縁 ⑤ベルト ⑥結婚している人が髪を覆うヒマティオン ⑦ヘレニズム期のキトン ⑧ハイウエストライン ⑨つばの広い帽子 ⑩ウールとリネン ⑪ヒマティオン ⑫ドーリス式キトン ⑬色のついた生地 ⑭動きのあるドレープ（ひだ）⑮すね当て ⑯メイン ⑰頬当て ⑱ダイアデム（冠）⑲革のサンダル ⑳フィブラ ㉑ブレスレット

女性の**イオニア式キトン**は、十分な幅にカットされた2枚の布をフィブラ（ピン）で留めます（袖の部分は、腕に沿って複数のフィブラやブローチで留めます）。この衣服にはしばしばプリーツ（ひだ）が入り、長いものは裾を引きずることもありました。右側だけを縫い合わせたり、留めたりして、左側は開けておくことが多かったようです。最後に登場する**ヘレニズム期のキトン**は、ウエストラインやベルト類が胸の下にありました。ヘレニズム期は、アレクサンドロス大王の遠征によって領土が広がり、豊かになったため、織物が多く購入されました。

チェイニーはレイより乗馬が得意で、密かにスパルタの鎧を持っていますが、人の命を奪う力はありません。レイにその力があるかわかりませんが、彼はどちらかというと戦略家としてよく呼び出されているようです。スパルタの鎧をまとったレイは、実に雄々しく見えました（図**10.11**）。

チェイニーは人の視線を感じたので我に返り、すぐに馬を方向転換させました。彼女は目撃されましたが、幸運にも女性と特定されるほど近くありませんでした。2人は踵で馬を蹴り、駆け足で走り出しました（図**10.12、10.13**）。

図10.11
Natacha Nielsen

①少年少女は長髪 ②少女はポニーテールにする ③ギリシャ人は髪の毛を大切にしていた ④初期のギリシャ女性は髪を長く伸ばしたが、後にショートになった ⑤女性はメイクをした ⑥金の冠と装飾的な髪型 ⑦金のジュエリー ⑧フィブラ ⑨ヘレニズム期のキトン（ハイウエスト）⑩サンバーストのモチーフはミノアのファッションが起源 ⑪革の履物 ⑫イオニア式キトンは腕を出せるようにピンで留める ⑬キトンはウールとリネンでできている ⑭ギリシャ女性は髪の毛を伸ばしたり、縮れさせたり、巻いたりしていた ⑮ドーリス式キトン ⑯ペプロス（ウエストで締めるキトンの代替品）⑰馬毛のプルームは戦闘中の将校を見分けるのに役立った ⑱兵士が着用していたクラミュスは、後に一般的なファッションになった ⑲アレクサンドロス大王の時代まで髭は一般的 ⑳男女ともキトンを着用 ㉑裸足 ㉒フリジア帽 ㉓キトンの上にヒマティオンを着る ㉔プルームのない兜 ㉕稜線の装飾 ㉖馬毛のクレスト（兜飾り）のついた兜は上級将校を表す ㉗キュイラス（胸甲）は胴体を守り、理想的な体格を模していた ㉘青銅の盾 ㉙脚の形をした青銅のすね当て ㉚重装歩兵 ㉛ペタソス（日よけ帽）㉜ギリシャ人は帽子を楽しんだ ㉝金のヘッドバンドは王の風格を示す ㉞剣は予備の武器 ㉟胸当ての下に着込んだキトニスコス キトン（短いキトン）㊱槍は得意な武器 ㊲折れてしまったときのために、槍の後ろは金属製

GREEK WEAR

図10.12
Amber Ansdell

図10.13
Sarah Jaques

ミノアとギリシャの用語

ミケーネ人

ミケーネ人はミノア様式を取り入れたが、女性はガードル（胸帯）の下に半透明のシュミーズを着て、胸を隠していた

男性
- チュニック
    - 半袖

女性
- ロングスカートは、ベルトやガードルで締めることもある

ギリシャ人

男性
- ペリゾーマ – ギリシャ語で腰布の下着、または陸上競技用のもの
- キトニスコス キトン – 腰から太ももまでの短いもので、アルカイック期のドーリス式キトンに似ている
- イオニア式キトン – 短いものと長いものがある。袖は長めで、肩から腕に沿って複数のフィブラで留める
- ドーリス式キトン – 袖のない細身のもの。両肩にブローチで留める
- エクソミス – 労働階級向けの短いチュニック。ウエストを縛り、片方の肩にピン留めする

女性
3つの基本のキトン：
- イオニア式キトン - 腕に沿って複数のピンで留める
- ドーリス式キトン - 両肩にフィブラで留める
- ヘレニズム期のキトン - エンパイア ウエストライン（ハイウエストで、胸元の下から裾にかけて直線的に広がる）
- フィブラ - ピン
- ディプラックス - イオニア式キトンの上に着る長方形の小さな布
- ペプロス - 1枚の布を真ん中で折り返したチュニック（複数の布のように見える）
- ヒマティオン - 体に巻いた長方形の大きな布で、外出時に男女ともに着用

11 章

エトルリアとローマ（紀元前800〜西暦400年）

Sandy Appleoff Lyons

エトルリアとローマ

チェイニーはアンフォラ（大きな陶器の壺）を頭に乗せて、バランスを取りながら歩いていました。こうした行為は、あれこれ考えがちな彼女の集中力を高めるのに役立っています。エトルリア人の中では、ギリシャよりも抑圧を感じず、ローマよりもずっと自由に感じられました。彼女は服装について想像し、ミノア文化の明るい模様のキトンを思い出していました。それは、袖を衣服に縫い合わせ、ぴったりな着心地にしたミノアのキトンを着ていた頃の自分です。あれから多くの時が流れました。彼女が今着ている「ストラ」は、ギリシャのキトンとそれほど変わらない単純な作りで、歩きやすいように帯で締めていました（**図11.1**）。

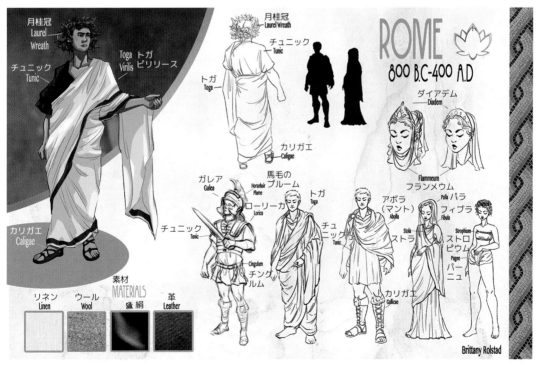

図11.1
Brittany Rolsted

クレタ島にいた日々を思い返すと、ミノアのテベンナを肩に掛けて歩いているレイの姿が目に浮かびました。彼女はさらに、その滅亡とギリシャへの旅について思いを巡らせます。ギリシャで男女ともに着ていたキトンは、西へ移動してからレイが着るようになったエトルリアのマントに似ていました。そして、そのマントはローマの「トガ」の前身であるとわかりました。

現在、彼らが暮らしているローマでは、あらゆるものが進化していました。

---

*ギリシャ女性とローマ女性の服装はそっくりで、イオニア式とドーリス式の両方を着用しました。トガはエトルリア人やミノア人が着ていたテベンナ（半円の肩掛けショール）をアレンジしたもので、ローマ人は16歳になると、ベージュの**トガ・プッラ**を着用しました。トガの折り目や上品でシンプルな着こなしを理解するには、統制と忍耐が必要です。真っ白に漂白された**トガ・カンディダ**は官職の候補者が着用し、赤紫の縁取りの付いた**トガ・プラエテクスタ**は貴族・執政官・神官、16歳までの貴族の息子、12歳までの貴族の娘が着用しました。**トガ・プラ**は黒い喪服です。紫に金の刺繍が施された**トガ・ピクタ**は将軍が特別な行事に着用し、色とりどりの縞模様の**トガ・トラベア**は、未来を占う神官が着用しました（**図11.2**）。トガは男性市民のみに着用が許され、高い位置のドレープを「ウンボー」、2つめの低い位置のドレープを「シヌス」と呼びました。*

図11.2
Ryan Savas

共和政ローマはすべてを一変させ、ユリウス・カエサルの帝国はヨーロッパや北アフリカにまで広がっていました。女性への抑圧は少ないものの、市民権を持っているのは男性のみです。チェイニーはあまりにも長い間、レイに頼り過ぎていると感じていました。彼女はこの期間、自分の立場や意見を聞き入れてもらえるように努めました。

紀元前8世紀半ばの城郭都市で始まった古代ローマ文明は、西ローマ帝国が滅亡する西暦476年まで千年以上に及びます。初期のローマ人は、服装や生活様式の多くをギリシャやエトルリアから受け継いでおり、ローマ帝国が築かれるとその領土はより広大になりました（最初にエトルリアを吸収し、地中海およびエジプトまで広がります）。2世紀までにローマ帝国は新たな高みに達し、スペインとイギリスを含む黒海周辺の島々にまで拡大しました。

*ローマ人の立体感のある服装は、当時の建築を証明するものでした。ギリシャ人の影響は強かったものの、征服によって多くの新しい文化的影響を受け、染料や織物の技術が登場しました（**図11.3**）。*

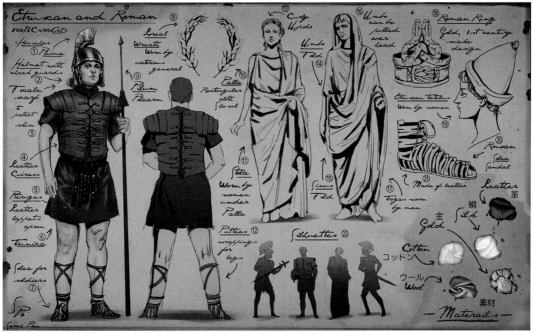

図11.3
Sarah Pan
①馬毛のプルーム（頭飾り）②チークガード付き兜 ③フォカレ ④革のキュイラス ⑤プテルゲス（革の帯）⑥チュニカ ⑦兵士のソレア ⑧月桂冠 ⑨ピルム（長柄武器）⑩パラ ⑪ストラ、女性がパラの下に着る ⑫ゲートル（脚絆）⑬巻き髪を上げる ⑭ウンボー ⑮シヌス ⑯ウンボーは頭の上にかけられる ⑰トガは男性が着用 ⑱ローマの指輪 ⑲エトルリアのトゥトゥルス（山高帽）は女性が着用 ⑳ローマのソレアサンダル ㉑革製 ㉒シルエット

帝国の拡大にともなって交易の範囲も広がり、レイとチェイニーは安心して旅ができるようになりました。チェイニーは織物商人として働きはじめ、彼女の織物や染料に関する知識と熱意は、時代を超えた存在であることと相まって役立ちました。彼女はインドと東アジア産の木綿や絹が大好きで、色彩や織り方、そしてすべての刺繍に施されているエッジングやフリンジに魅了されました。中国との交易によって莫大な利益を手にしましたが、2人が立ち入るすべての船は、ローマ軍に監視されているようでした。そのため、近いうちに自分たちの船を購入し、不要な監視から逃れたいと思っていました。チェイニーはいつも周囲の人々の服装に注意を払っていたので、ローマ軍の衣服には独自の階層があることに気づきました（**図11.4**）。

*将校は、ドレープのついた長方形の布を肩で留めて垂らした「アボラ」を着ていました。「サガム」はアボラに似ており、色は赤です。主に兵士用ですが、戦時中は庶民も着ていました（**図11.5**）。*

ローマの武具
- ウドネス：ロインクロスの靴下
- プーテー：脚に巻いたり、縛ったりするもの
- ブラカエ：ズボン
- チュニカ：軍人用のチュニック
    - 半袖／長袖
- シンギュラム・ミリターレ：軍人用のベルト

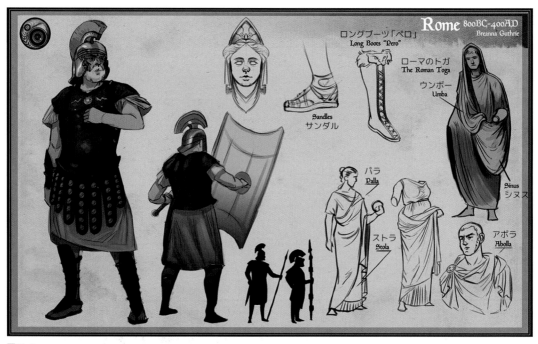

図11.4
Breanna Guthrie

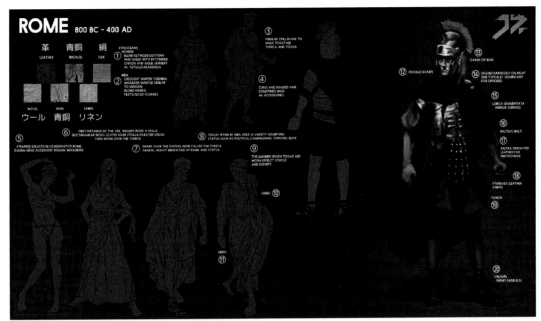

図11.5
Jino Rufino

①エトルリアの女性はエジプトとギリシャの混血。柄の入ったキトンと金のアクセサリーを身につけ、頭にはトゥトゥルス
をつけた ②男性は三日月型のテベンナの肩マント、ミノア人と同じ金髪、レース、金の花飾りをつけた ③チュニックやトガ
を繋ぐのにまだフィブラを使用 ④巻き毛や編み込みの髪。アクセサリーとしてウィッグをつけることもある ⑤保守的なロー
マでは胸を巻いていた（ローマ人のブラジャー）⑥ダイアデムは頭飾り。ストラ（プリーツドレス）の上にパラ（長方形のウー
ル布）を着たのがベールの始まり。その後、チュニカの上に着用 ⑦チュニカと呼ばれるようになったキトンにドレープをか
ける。サンダルの高さは階級と身分を示す ⑧男性のみ着用が許されたトガ。選挙運動をする人／役員／エリートなど、さま
ざまな身分を表す ⑨トガの着方で地位や威厳を表す ⑩ウンボー ⑪シヌス ⑫フォカレ（スカーフ）⑬鉄兜 ⑭サガム（通常は
右側にハーネスを付ける。将校にとって重要な意味を持つ）⑮ローリーカ・セグメンタータ（ローマ軍の鎧）⑯バルテウス（剣
を吊るためのベルト）⑰バルテア（保護用の重みのある革）⑱プテルゲス（革の帯）⑲チュニカ ⑳カリガエ（軍靴）

- 革のラペット
  - プテルゲス：装飾的な布や革でできたエプロン／スカート
- 鎧
  - ローリーカ・セグメンタータ：ローマ軍の板金鎧
  - ボールドリック：自由な動きのために、胸を横切るように掛けた革の剣帯
  - ガレア：ローマ軍の兜
  - マニカ：腕用の分割された防具
  - サガム：赤いマント
  - パエヌラ／パルダメントゥム：頭巾付きのマント
  - フォカレ：スカーフ、防寒具
  - カリガ／カリガエ：軍用のサンダルまたはブーツ

「チュニック」と「ソレア」を身につけ、交易商人になることを選択したレイ。彼は会話の才能に磨きをかけるため、ローマ軍の遠征を支えている最新の政治に関心を持っていました。ローマは世界中の至る所に手を伸ばしているようでした。レイの髪はまた伸びていますが、髭はきれいに剃られています。ファッションにこだわりはないようですが、群衆の中では目立ちました（その身長と身のこなしが親しみやすい性格と相まって、訪れた門戸はほぼすべて開かれました）。通常、ローマで誰かの関心を引くには「トガ」を着なければなりませんが、ローマ以外ではとても不便な代物でした。トガはそれ自体が1つの芸術であり、姿勢・ドレープ・生地のすべてが視覚的なインパクトを与え、着ている人を特徴づけます。レイは存在感を示したいとき、トガの広い肩幅で堂々としていました。

チェイニーは少し恥ずかしがり屋ですが、それを悟られないようにしました。必要であれば、彼女はコロッセオで見た役者のまねをして、自分を奮い立たせました。彼女は「パラ」で身を包み、編み込まれた髪を後ろで束ねています。壺を頭から下ろして「ストラ」を整えると、顔にかかった髪を払い、ローマの貴婦人の巻き毛や編み込みを思い浮かべました。それは建築物のように盛ったり、スカーフの下に引き込んだり、あるいは「ヴィッタ（ウールの紐）」で結んだりしていました（**図11.6**）。彼女たちの地位が髪型・ベール・スカーフに反映されているのは知っていますが、髪の毛を脱色している理由はわかりません。なぜなら、この地域の女性はとても美しい黒の巻き毛をしていたからです（**図11.7**）。

家の玄関に着くと、小さなカブトムシが「サンダル」の上を横切りました。

ローマ女性はストラ、パラ、スカーフ、ベールなどを着用し、胸に薄い生地を巻き付けました。これはブラジャーやストロピウムと呼ばれ、運動選手やサーカスの団員がよくつけていました（**図11.8**）。

図11.6
Alex Chung
①馬毛のプルーム ②チンガードのついた兜 ③エプロンスカート（鋲付きの革の帯）④カリガ（革サンダル）⑤上級将校は紫に染めた ⑥男性の髪型 ⑦熱した金属製のカールトングで巻いていた ⑧身分の高い人は月桂冠をかぶる ⑨髪の毛を巻いてピンで留める ⑩パラ ⑪儀式用のトガ ⑫ストロピウム（胸を覆うリネンの帯）⑬バーニュ（腰布）⑭ウンボー ⑮シヌス ⑯ローマのトガ ⑰角と宝石で作られた頭飾り ⑱二重のキトン

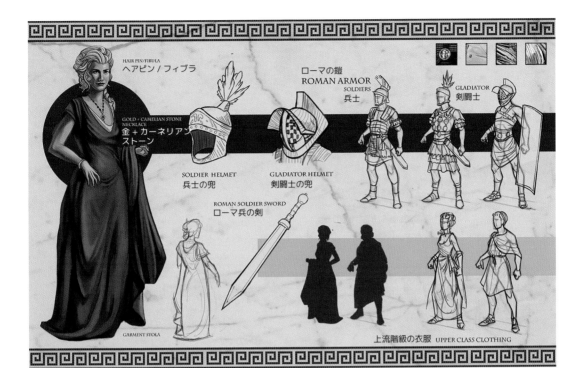

図11.7
Omar Field-Rahman

図11.8
Grace Kim

エトルリアとローマの用語

エトルリア人

男性

1層め
- ペリゾーマ（腰布）

2層め
- チュニック

3層め
- テベンナ

頭飾り - トゥトゥルスと呼ばれるつばの狭い山高帽

女性

1層め
- ロインクロス（腰布）
- アンダースカートのように長めのもの

2層め
- ボディス
    - ピン留めしたキトン、イオニア式とドーリス式がある
    - 下に薄いシュミーズを着ることもある

3層め
- テベンナ

頭飾り - トゥトゥルス

履物
- サンダル

ローマ人

男性

- チュニックとトガ
- ヒマティオン
- ソレア - ブーツ
- パリウム - ローマの外套（※中世のパリウムとは別のもの）

女性

- フィブラで留めたストラ
- パラ
- 男性のパリウムに似たマント
- 髪飾り
- ヴィッタ（髪をまとめるためのウールの紐、**図11.9**）

図11.9
Amber Ansdell

12章

ビザンチン／中世前期（西暦300〜1300年）

Sandy Appleoff Lyons

中世前期

街中は騒々しく、行商人、曲芸師、聖職者、物乞い、そして自分自身を売る者まで、さまざまな人々で溢れかえっています。チェイニーとレイが通りを歩いていると、大ざっぱに吊るされた色とりどりの日よけの間から太陽が顔をのぞかせました。行商人たちは、東洋や中東からのエキゾチックな商品を展示していますが、今日の外出に目的はありません。強いて言えば、数週間前に良い香りの美味しそうなスパイスを売っていた行商人を探すことでしょうか。2人が現在住んでいる家はつつましく、ローマのときよりも手狭ですが、これまでで最も長く滞在する場所なので、目立たないようにしていました。すでに数世紀も生きているのに、その若々しい顔に時の影響は見られないため、疑いを避けるには移動が必須でした。この時代の宗教観で、年を取らない人はどのように思われるでしょうか（**図12.1**）？

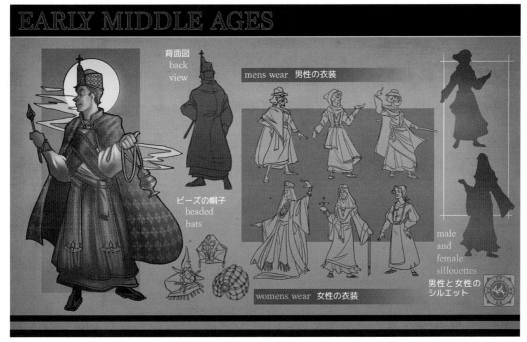

図12.1
Amber Ansdell

ユスティニアヌス帝は教会と国を厳しく支配しており、あちこちに監視の目があります。西暦546年、2人はコンスタンティノープルに住んでいました。

> ユスティニアヌス帝は、北アフリカを含むかつての西ローマ帝国の一部を征服し、地中海沿岸の大部分を帝国の領土にします。そして国家の概念を変え、何世紀も存続する「ビザンチン法」を確立しました。この時代には、「聖なる叡知」を意味するドーム状のハギアソフィア大聖堂（西暦532～537年、現在のイスタンブールにあるアヤソフィア）といった優れた建築物も建設されています。ユスティニアヌス帝が亡くなる頃、ビザンチン帝国（東ローマ帝国）はヨーロッパ最大かつ最強の国家として君臨していました。

チェイニーは白い「カミーチャ（薄い肌着）」の上に長い「ストラ」、あるいはジャガード織機で作った華やかな柄の木綿の「ダルマティカ」をよく着ています。彼女のストラはベルト付きで、両脇は開いており、白いカミーチャが見えています。この組み合わせのおかげで、色鮮やかな群衆にも溶け込むことができました。

この時代の女性は、慎ましくも堂々とした服装をしていました。コンスタンティノープルでは肌を見せることがほとんどなく、チェイニーはその長い三つ編みにも「ウィンプル（女性用頭巾）」を巻いていました（**図12.2**）。

図12.2
Andrew Menjivar

レイはフード付きのシンプルな「チュニック」を着ていて、その両肩と袖周りには「クラビ（縦に伸びる帯）」が付いています。彼の「ホーズ」はそれほど地味でなく、ペルシア風の模様が施され上品です（少し派手です）。チェイニーとレイが履いている「カルセウス」という柔らかい革の短いブーツは、質素に見えました。その足元が服装の中で注目を集めなかったのは、最上級の革が経年劣化していたことと、宝石や色彩を欠いていたからでしょう。履物は、当時の衣装の中で最も多様性に富んでいる要素でした。この時代の衣装には、ローマ最盛期よりもはるかに豊かな色彩・生地・装飾品が使われていました（図12.3）。

精巧なデザインのジュエリーはビザンチン時代の特徴です。真珠が豊富で、ダイアモンドなどの高価な宝石もふんだんに使われました。後に、色付きのガラスビーズや小さな鏡が刺繡に施されるようになりました。

宮廷で着用されていたビザンチン特有のものに「タブリオン」（claimsとも呼ばれる）があります（図 12.4）。これは宝石を散りばめた長方形の布（装飾）で、男女のマントに施されました。このタブリオンによって、王室や宮廷の高官であることを示したのです。金の刺繡や宝石が散りばめられたペルシア由来の襟飾り「maniakis」も珍しいものでした。

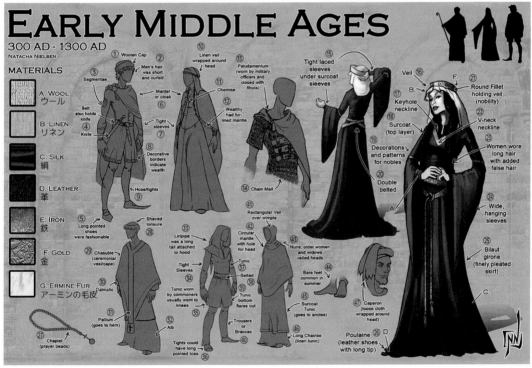

図12.3
Natacha Nielsen
①ウールの帽子 ②男性は短髪か巻き髪 ③ segmentae（装飾的な模様）④ベルトにナイフが付く ⑤つま先の長い靴が流行 ⑥短いマント、または外套 ⑦ピッタリとした袖 ⑧装飾のボーダーは富を表す ⑨ホーズ／タイツ ⑩リネンのベールを頭部にまく ⑪シュミーズ ⑫裕福な人はマントを羽織る ⑬パルダメントゥム（軍人が着用。フィブラで留める）⑭鎖かたびら ⑮サーコートの袖の下にぴったりとしたレースの袖 ⑯ベール ⑰キーホール ネックライン ⑱サーコート（上に羽織る）⑲高貴な人には飾りと模様がある ⑳二重のベルト ㉑ベールの付いたフィレット（高貴な人）㉒Ｖネック ㉓女性はつけ毛をつけて長髪にした ㉔幅広の垂れた袖 ㉕ブリオージローネ（細やかなプリーツスカート）㉖プーレーヌ（つま先の長い革靴）㉗チャプレット（数珠）㉘剃髪 ㉙チャズブル（上祭服／ケープ）㉚ダルマティカ ㉛パリウム（裾まである）㉜アルバ ㉝リリパイプはフードに垂れている布 ㉞ぴったりの袖 ㉟庶民が着ていたチュニックはたいてい膝丈 ㊱タイツはつま先が長く尖っている ㊲チュニック ㊳ベルト ㊴裾は広がる ㊵ズボン／ブラカエ ㊶ウィンプルの上に長方形のベール ㊷頭を通す穴がある円形マント ㊸修道女／老女／未亡人はベールをかぶる ㊹夏は裸足が一般的 ㊺サーコート チュニック（くるぶしまで）㊻長いシェーンズ（リネン チュニック）㊼シャプロン（頭に巻かれたゆるい布）

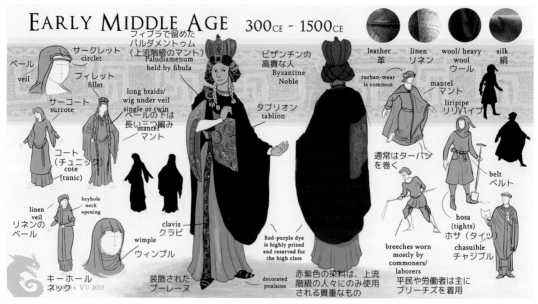

EARLY MIDDLE AGE 300CE - 1500CE

ベール
veil

サークレット
circlet

フィレット
fillet

サーコート
surcote

コート
（チュニック）
cote
(tunic)

linen
veil
リネンの
ベール

keyhole
neck
opening

long braids/
wig under veil
single or twin
ベールの下は
長い三つ編み

フィブラで留めた
パルダメントゥム
（上流階級のマント）
Paludiamenum
held by fibula

mantel
マント

clavis
クラビ

wimple
ウィンプル

装飾された
プーレーヌ
decorated
poulaine

キーホール

ビザンチンの
高貴な人
Byzantine
Noble

タブリオン
tablion

Red-purple dye
is highly prized
and reserved for
the high class

赤紫色の染料は、上流
階級の人々にのみ使用
される貴重なもの

leather
革

linen
リネン

wool/ heavy
wool
ウール

silk
絹

turban-wear
is common

mantel
マント

liripipe
リリパイプ

通常はターバン
を巻く

belt
ベルト

breeches worn
mostly by
commoners/
laborers
平民や労働者は主に
ブリーチズを着用

hosa
(tights)
ホサ（タイツ）

chasuible
チャジブル

図12.4
Donna Vu

今日の目的地は、荘厳なハギアソフィア大聖堂です。ドーム型の天井と美しいモザイク画が施された内部に足を踏み入れると、チェイニーは圧倒されました。敷地内を歩き回るクジャクに餌を与えるのも楽しい体験でしたが、宮中のさまざまな階級を表す色付きの衣服に自然と目が留まりました。

聖職者の衣服は庶民にも影響を与え、人々はローマ色の強かった衣服にそのスタイルを取り入れていました。聖職者はダルマティカのようなビザンチン時代の一般的な衣服を着ていましたが、各要素で宗教的慣習のさまざまな側面を表しました。

*ビザンチンの服装は帝国が滅亡するまでどんどん豪華になっていき、東西のキリスト教会、特にロシア正教会の礼拝用衣装の基礎を築きました。現在でも東方正教会の教会員は、ビザンチンを起源とする衣服を着用しており、その影響はローマカトリック教会の指導者の祭服や帽子にも見られます（**図12.5**）。*

この時代は衣装に関する法律がなかったため、2人とも自分らしくいられるものを自由に着ていました。チェイニーの備蓄品の中には、何世紀にもわたり大切にされてきた紫の染料がありました。商人・交易商・地元住民らの衣装に紫色を見かけることはほとんどありませんが、特別な行事で皇帝とその妻は、紫の流れうような絹と宝石を散りばめたディテールに身を包んでいました。多くの衣服は重ね着され、男性はダルマティカの下にチュニックやズボンを着用しました。女性はストラの下にカミーチャを着て、上流階級はその上に「パルダメントゥム」という長いマントを羽織りました（**図12.6**）。

チェイニーの後ろにはクジャクの行列ができていましたが、パンくずの入った小袋はもう空っぽです。飽きずに待っていてくれたレイは、「そろそろ帰ろう」と彼女に促しました（**図12.7**）。

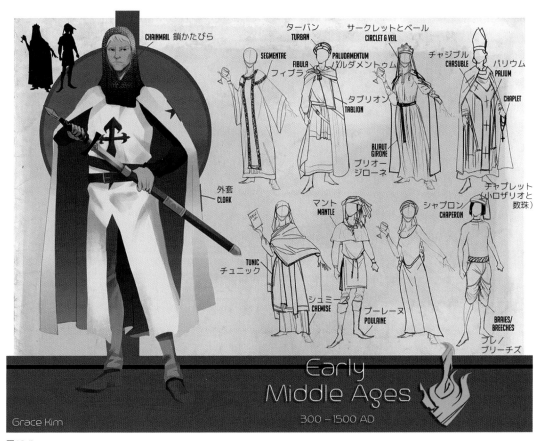

図12.5
Grace Kim

図12.6
Samual Youn

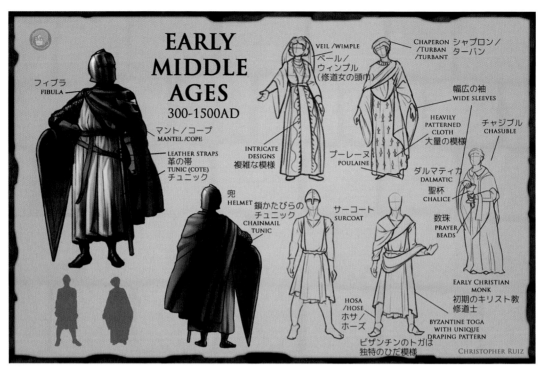

図12.7
Christopher Ruiz

中世前期の用語

素材

- リネン
- 革
    - 穴が開けられた
- ウール
    - 熱に強く撥水性
- アーミン
    - 富裕層向けのオコジョの毛皮
- 絹
    - 富裕層が着用
- 赤い染料
    - 入手が非常に困難、王族が着用
- ネックライン
    - キーホール（鍵穴の切込みを入れたもの）
    - Vネック
    - ハイカラー（高い襟）
- チュニックは一般的にきつめで、腰から広がっている
- 上層のチュニックは下層と色が対照的

男性

衣服

- ・ブリーチズ
  - – 庶民の半ズボン
- ・ホサ／ホーズ
  - – タイツ、富裕層が着用
  - – 革底の場合もある
  - – ズボンとしても着用
- ・ズボン／ブラカエ
  - – タイツの上から着用可
  - – 主に庶民／兵士が使用
  - – 暑い時期に着用
- ・チュニック（コート）
  - – 庶民は膝丈
  - – 年代が進むにつれて長くなる
  - – 通常は2枚着用、下層は上層（サーコート）と対照的
  - – クラビ：縞模様と柄で地位や富を示す
  - – Segmentae：装飾的な模様
  - – ナイフを腰に下げる
- ・外套（オーバーコート）
  - – マント
  - – コープ／ケープ
  - – フードの付いた幅広のケープ
  - – リリパイプ、フードに付いた長いテール
- ・パルダメントゥム
  - – 将校が肩に掛けるマント
  - – フィブラで留める
  - – タブリオン（四角形／ひし形の布や革に模様をつけたもの）を付ける（任意）

かぶり物／髪

- ・シャプロン／ターバン
  - – 頭にゆるく巻く布
  - – ウール製の帽子
  - – 短く巻き付ける

女性

衣服

- ・シュミーズ
  - – 衣服の下に着る薄い肌着
- ・チュニカまたはダルマティカ
  - – 2層構造（上層はサーコートと呼ばれる）
  - – 上層は袖が長め
  - – クラビ：縞模様と柄で地位や富を示す
  - – Segmentae：装飾的な模様
  - – くるぶし丈
  - – ブリオージローネ：男女ともに着用した長いブラウスのような衣服

- ・外套
  - − マント
  - − 富裕層は毛皮の裏地付き
かぶり物／髪
- ・ベール／ウィンプル
  - − 長い髪の毛に着用
  - − 金属のサークレットが付くこともある
- ・長い髪
  - − 1本のポニーテール、または2本のツインテールに編まれている

男性／女性
履物
- ・プーレーヌ
  - − つま先の長い革靴
- ・カルセウス／カルセイ
  - − 重量があるもの、注文仕立てのもの
  - − 注文仕立てのものはくるぶし丈
祭服
- ・カズラ
  - − 聖職者が着用する儀式用のベスト／ケープ
- ・サッコス
  - − 派手なチュニック
  - − ダルマティカ
  - − 長い広袖のチュニック
- ・チャプレット
  - − 数珠
- ・Sclavien
  - − 巡礼者が着用する粗いチュニック
- ・パリウム
  - − 肩掛け

13章

中世後期（西暦1300〜1500年）

Sandy Appleoff Lyons

中世後期

チェイニーとレイが地中海を渡ってから、かなりの月日が経過しました。すでに封建制は衰退し、レイは護衛として雇われています。これは今では普通のことでした。チェイニーは反応速度でレイに敵わないものの、弓矢の扱いに長けており、許されるのなら戦闘に参加したいと思いました（しかし、女性が派閥に属するような時代ではありません）。女性の衣装は面倒なので、チェイニーは短く刈った髪を馬毛の長い三つ編みで隠しています。2人とも飢饉や疫病で多くのものを失ったため、自分の身なりと参加する戦いは慎重に選んでいました（**図13.1**）。

図13.1
Omar Field Rahmam

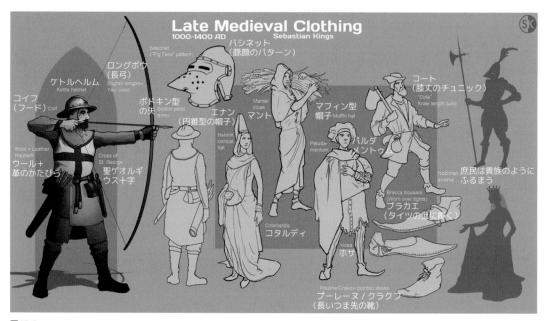

図13.2
Sebastian Kings

*富裕層は課税のおかげで、崇高な目的を掲げて徴兵する代わりに、簡単に兵士を買えるようになりました。それに加えて、傭兵は封建制の40日間の兵役よりも頼りになりました。戦争は騎馬からロングボウ（長弓）を使ったものへ変化し、火薬を輸入するようになりました（**図13.2**）。また、この頃にペスト（黒死病）が猛威をふるい、ヨーロッパ人口の60%が失われました。*

資本主義の台頭とともに、中世のギルド（商工業者の独占的な同業者組合）が発達しました。チェイニーは（男性のふりをして）馬に乗らない日は、織物商のギルドで織物や染料の交易に携わり、色彩や生地への情熱を追い求めていました（**図13.3**）。

織物や染料のギルドはまるで秘密結社のようであり、製法を守りながら自主性を保っていました。カール大帝（フランス語でシャルルマーニュ、在位768年 - 814年）は青の染料となる藍の輸入を禁止し、ヨーロッパ産の作物で交易を支配しようとしました。

今日の彼女は、市場の露店で毛糸や反物のロールを並べて座っています。変装した髪を左右でまとめて「コール」で覆い、素敵な絹のサンプルを垂らしていました。

チェイニーの新しい「カートル」はかゆみを引き起こしました。おそらく、リネンをもう1度水に浸す必要があったのでしょう。自分の身分に注意が向かないように「コタルディ」は地味で、素晴らしい織り地の「サーコート」にも過度なディテールはありません。この時代は、襟ぐりの深いVネックで袖のぴったりしたドレスが流行し、ウエストラインが上がり始めていました（**図13.4**）。

図13.3
Jino Rufino

①縁取りの装飾が入ったマント ②先が三角のロングスリーブ ③後ろ姿：三つ編みにした髪を覆うコール（頭飾り）、ベール、サークレット ④Vネックのシュミーズ ⑤ハイカラーのコタルディ、ボタンが下まであるコート、革のブーツ ⑥シャプロンヘッドギア、千鳥格子の袖、チュニックの筒状のプリーツ。プーレーヌの形を維持するために詰め物を入れ、脚にはホーズを履く ⑦ウールの帽子、ダブレット、クラビ、segmentae（装飾的な模様）、グリーブ、サバトン、ウエストラインの高い位置にベルト、鎖かたびら ⑧ハート型の頭飾り、サーコートとシュミーズの上にマントを羽織る ⑨ひだのついたリネンの頭飾り、カートル、庶民が汚れを避けるためにドレスを上げ、ファッションへ発展した ⑩円錐形のエナン、病気対策で割られた額、装飾的な縁取りのある袖、革で裏打ちされたホーズもある

図13.4
Paulina Carlton

「奢侈禁止令（しゃしきんしれい）」によって、金銀を使ったアクセサリーは禁止されていました。そこでチェイニーは見事なボタンコレクションを販売することにしました。それらは飾りであると同時に機能的にもなったので、彼女は持ち前の創造性を生かし、貴金属の輝きを貝殻・象牙・他の素材に置き換えていきました。一方で、当時の王族は派手な装飾を施しており、チェイニーは上流階級と下層階級の大きな経済格差を考えると悲しい気持ちになりました（**図13.5 - 13.7**）。

当時の奢侈禁止令は、男女の服装を規制していました。しかし、チェイニーは高価な織物を多く販売していたため、服装に関しては優遇されていました。

出世の階段を上ってきたレイも、衣服を自由に選ぶことができました。現在はプールポワンの代わりに「ダブレット」を着ることが多く、立派な「甲冑」も持っています。プールポワンがベースのダブレットは、22〜25個の型紙を使い、体にぴったり合うように作られていました（汎用的なダブレットは絹製、戦闘用のものはリネン製）。今日のレイはサーコートを羽織らず、短い丈の「ウプランド」を着ています。

レイのダブレットは、ヨーロッパでも知られるようになった藍の染料で美しく染められていました。染料はまだ高価ですが、チェイニーは入手ルートを持っていました。

糸車やシャトルを使った足踏み式の水平織機が登場し、織物や衣類の生産が容易になると、その消費も増え、中世ヨーロッパを代表する美しい衣装が生まれました。また、十字軍やマルコ・ポーロによって新たな領土との交易が盛んになり、魅力的な衣服が手頃な価格で入手できるようになったため、新興の中産階級は上流階級の服装を模倣するようになりました。

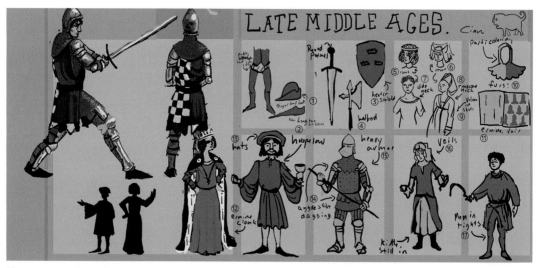

図13.5
Max Gerber
①シュガーバフハット ②長いつま先の靴 ③ヒーターシールド ④ハルバード（斧）⑤ 1300 年代 ⑥ 1400 年代 ⑦ワイドネック ⑧ Ｖ ネック ⑨スカートにボリュームがある ⑩毛皮 ⑪アーミンのベール ⑫アーミンの外套 ⑬帽子 ⑭ダッギングが際立つ ⑮重い鎧 ⑯ベール ⑰男性はタイツ

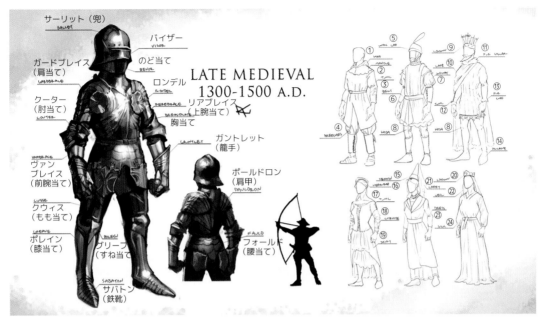

図13.6
RyanSavas

①フード ②マント ③チュニック ④ブリーチズ ⑤ウールの帽子 ⑥ベルト ⑦サーコート ⑧ホサ ⑨冠 ⑩マント ⑪毛皮の襟 ⑫チュニック ⑬毛皮の袖 ⑭プーレーヌ ⑮エナン ⑯ヘッドラップ ⑰チュニック ⑱シュミーズ ⑲スカート ⑳冠 ㉑ラペット ㉒ベール ㉓ドレス ㉔絹

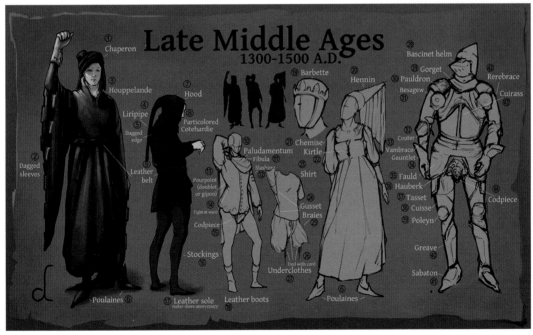

図13.7
Dominic Camuglia

①シャプロン ②ダッギング（飾り切り）の袖 ③ウプランド ④リリパイプ ⑤ダッギングの縁 ⑥プーレーヌ ⑦フード ⑧色分けされたコタルディ ⑨革のベルト ⑩パルダメントゥム ⑪フィブラ ⑫スラッシュ ⑬プールポワン（ダブレット、ジポン）⑭きついウエスト ⑮コッドピース ⑯ストッキング ⑰革のソール（靴は必要ない）⑱革のブーツ ⑲バーベット ⑳エナン ㉑シュミーズ ㉒カートル ㉓シャツ ㉔ガセット（まち）㉕ブレー（長ズボン）㉖紐でしばる ㉗下着 ㉘バシネット兜 ㉙顎当て ㉚ポールドロン（肩甲）㉛ベサギュー（脇当て）㉜クーター（肘当て）㉝ヴァンブレイス（前腕当て）㉞ガントレット（籠手）㉟フォールド（腰当て）㊱鎖かたびら ㊲タセット（草摺）㊳クウィス（もも当て）㊴ポレイン（膝当て）㊵グリーブ（すね当て）㊶サバトン（鉄靴）㊷リアブレイス（上腕当て）㊸胴鎧 ㊹コッドピース

今日は普段と違い、2人とも露店にいます。チェイニーが展示品に関してあれこれ言いながら物々交換している間、レイはリコーダーで簡単な曲を奏でていました。彼が持ち歩いているフルートのような楽器から生み出される旋律は、多くの人を露店の方へ向かわせました。レイが一息ついて下を見ると、腹ペコの人から逃げるようにニワトリが走り過ぎました。彼は笑ったあと、プーレーヌのつま先（長さ）が気になりましたが、それは心に留めておき、今は音符を奏でることに集中しました（**図13.8、13.9**）。

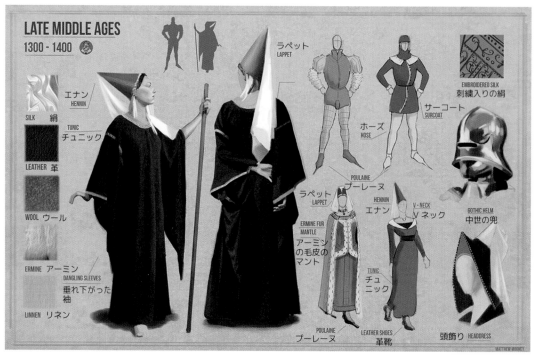

図13.8
Matthew Moony

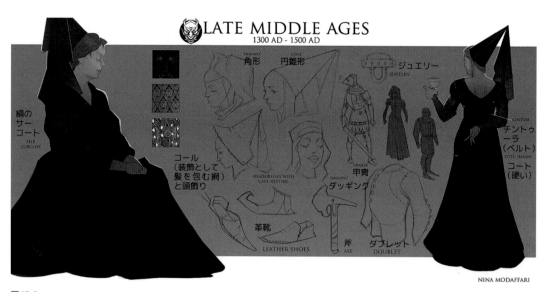

図13.9
Nina Modaffari

ゲームの衣装デザイン

この頃、イギリスとフランスでは帽子やかぶり物が大流行しますが、イタリアのファッションはもう少し落ち着きのある自然なスタイルでした。

チェイニーは露店でフランス訛りの女性に声をかけられました。どうやら、その女性は「エナン」用に極薄の絹を探しているようでした。北方の尖った帽子のことは知っていますが、かぶりたいと思ったことはありません。頭の上にペラペラのとんがり帽を1日中乗せたまま、どうやって仕事をこなすのでしょうか？さらに厄介なことに、先端で垂らした生地の重さと言ったら。チェイニーは唇をかみしめて愛想笑いをし、関心を持っているように精一杯ふるまいました（図13.10、13.11）。

売買が成立して硬貨を手にすると、レイは露店の木製の扉を下ろすのを手伝いました。2人は顔を見合わせ、「1杯飲みに行こうか」と目で伝え合いました。

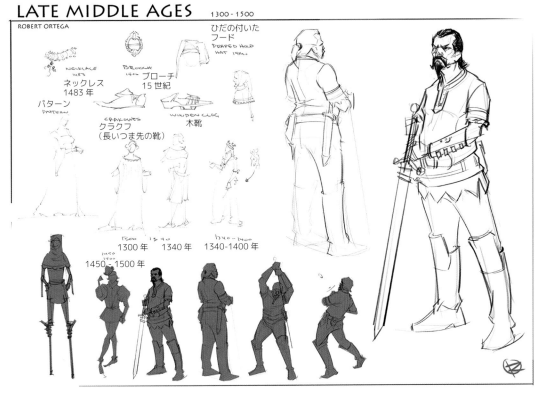

図13.10
Robert Ortega

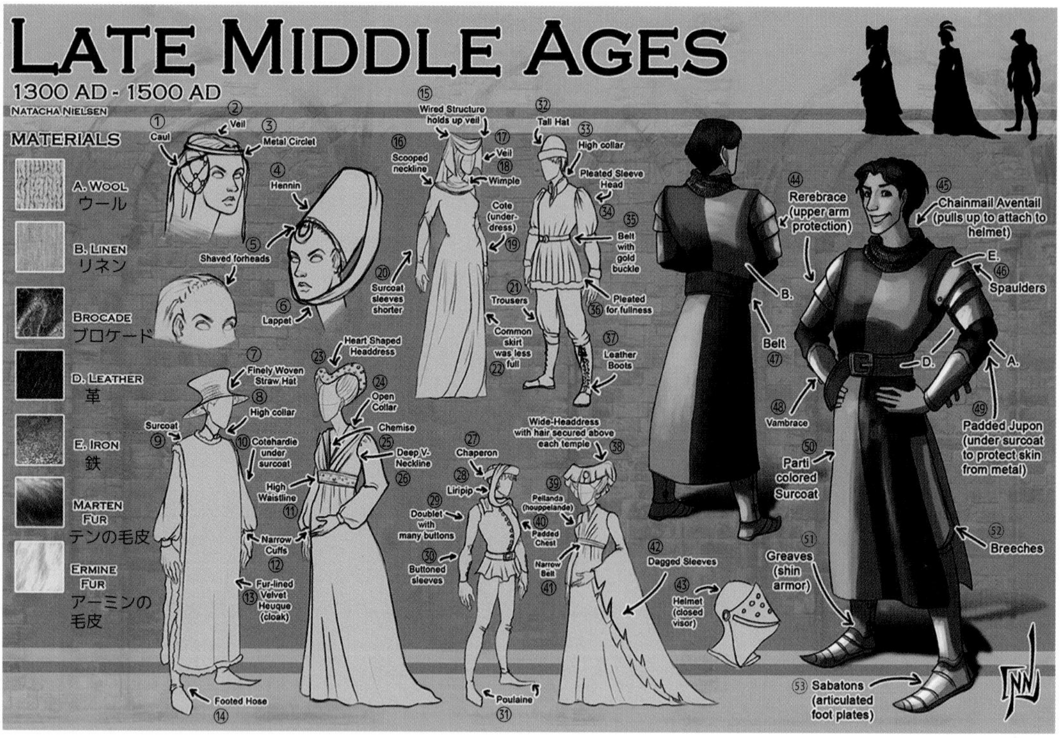

図13.11
Natasha Nielsen

①カウル ②ベール ③金属のサークレット ④エナン ⑤剃られた額 ⑥ラペット ⑦麦わら帽子 ⑧ハイカラー ⑨サーコート ⑩サーコートの下のコタルディ ⑪ハイウエストライン ⑫細い袖口 ⑬毛皮付きベルベットのマント ⑭ソールのあるホーズ ⑮ワイヤー構造でベールを上げる ⑯スクープネック ⑰ベール ⑱ウィンプル ⑲コート（アンダードレス）⑳サーコートの袖は短い ㉑ズボン ㉒通常のスカートは膨らみが少ない ㉓ハート型の頭飾り ㉔オープンカラー ㉕シュミーズ ㉖深いVネック ㉗シャプロン ㉘リリパイプ ㉙ボタン付きダブレット ㉚ボタン付きの袖 ㉛プーレーヌ ㉜高い帽子 ㉝ハイカラー ㉞プリーツスリーブ ㉟金のバックル付きベルト ㊱プリーツで膨らませる ㊲革のブーツ ㊳幅広の頭飾り、髪の毛をこめかみの上で固定 ㊴ウプランド ㊵パッドの入った胸 ㊶細く締めたベルト ㊷ダッギングの袖 ㊸兜（バイザーが閉じた状態）㊹リアブレイス（上腕当て）㊺鎖かたびらのアベンテイル（引っ張って兜につける）㊻スポールダー ㊼ベルト ㊽ヴァンブレイス（前腕当て）㊾パッド付きジポン（金属から肌を守る）㊿多彩なサーコート (51)グリーブ (52)ブリーチズ (53)サバトン

中世後期の用語

素材

- リネン - 重さは着ている人の地位による
- 革 - 穴があいている
- ウール - 暖かさと撥水性
- アーミン - 富裕層向けのオコジョの毛皮
- 絹 - 富裕層が着用
- 赤い染料 - 入手が非常に困難。王族が使用
- ネックライン - 丸首や四角から、深い襟ぐりのVネックラインへ変化
- シルエット - 女性はぴったりしたボディスから、ハイウエストラインへ変化
- さまざまな色や「ダッギング」（袖口や裾の飾り切り）のような装飾的要素が取り入れられる
- まだら染め
- 紋章

衣服

- 男女ともに、早い段階でチュニック（コート）とサーコートを着用

男性

衣服

- プールポワン - 内側の4点から紐でストッキングを持ち上げる、主に兵士が着用
- ダブレット - ホーズと一緒に着用する上半身の衣服。時代とともに丈が短くなる
- ウプランド - コートに取って代わり、さまざまな長さがあった
- 広くて特徴のある肩、1450年代に流行
- ブリーチズ - 庶民が着用する短いズボン
- ホサ／ホーズ
    - タイツ、富裕層が着用
    - 革底の場合もある（靴は不要）
    - ズボンとして着用
- ズボン／ブラカエ
    - タイツの上に着用可
    - 主に庶民／兵士が使用
    - 暑い時期に着用
- チュニック（コート）
    - 庶民は膝丈のものを着用
    - 年代が進むにつれて長くなる
    - 通常は2枚着用。下層は上層（サーコート）と対照的
- 外套（オーバーコート）
    - マント
- コタルディ
    - コープ／ケープ

かぶり物／髪

- ウール製の帽子
- シャプロン／ターバン
- 円錐形の帽子

女性

衣服

- 農民はぴったりしたボディスとスカート（奢侈禁止令）
- ぴったりしたチュニック、またはカートル
- サーコート
- コタルディ
- ウプランド
- 胸を平らにするコルセット
- ラフ（ひだ襟）や小さな襟
- 充実した大量の生地と引き裾

かぶり物／髪

- 重要性が増している
    - ウィンプル - 頭にゆるく巻く布
    - エナン
    - コール
    - ブールレ

履物

- プーレーヌ（男性も履く）

14章

イタリア ルネサンス（西暦1400〜1600年）

Sandy Appleoff Lyons

イタリア ルネサンス

チェイニーは織物商のギルドにのめり込み、長年にわたり隠しきれない名声を得ていました。彼女はイタリア半島を移動する中で、「チェイニーの娘」と名乗るようになり、ベルベットの市場で一財産築いたのでした。交易の裏側を取り仕切る家系の人々とは、すでに1世紀近くも近い関係にあります。イタリア製のベルベットやブロケードは、有能なイタリア絹織物職人が作り出す最も高価な製品であり、オスマン帝国を含むヨーロッパ全土に輸出されていました（**図14.1**）。

Amber Ansdell　①ホサ／ホーズ：タイツ ②コッドピース ③ダブレット ④ジポン ⑤ジャーキン ⑥ダチョウの羽根のついた短い帽子 ⑦カミーチャ ⑧ターバン ⑨ラフ（ひだ襟）⑩深い襟ぐりのVネック

図14.1
Brittany Rolstad

①冠 ②シュミーズ ③結んだ袖 ④硬いスカート ⑤平たい帽子 ⑥ダブレット ⑦ジボン ⑧コッドピース ⑨四角いつま先のスリッパ ⑩ダチョウの羽根 ⑪ラフ ⑫毛皮で覆われたジャーキン ⑬ホーズ ⑭冠 ⑮スヌード（髪をまとめるネット）⑯ラフ（ひだ襟）⑰衣服 ⑱ジュエリー ⑲ファージンゲール ⑳切妻屋根の頭飾り ㉑ハイウエスト ㉒スラッシュ ㉓シュミーズ ㉔ベネチアン ドレス ㉕ヘアカバー ㉖ダイアデム（頭につける冠の一種で、特に君主が身に着ける装飾されたヘッドバンド）㉗肩紐の付いたカートルスカート ㉘パッド入り帽子 ㉙ビーハイブターバン ㉚チョピン（厚底靴）

イタリアのベルベットはトスカーナ地方のルッカで初めて開発されました。しかし、侵略や政変により、多くの人々はベネチアへ逃れます（そこでは、ベルベットのギルドが絹のギルドから独立していました）。その後、フィレンツェが14世紀から16、17世紀にかけて競争力を高めていきました。ベルベットの織り方は興味深いプロセスです（詳しくは、Lisa Monnasの書籍『Renaissance Velvets』を参照）。

織物商人の店は繁盛し、今ではチェイニーとレイもイタリアのあちこちに店を持っています。通りすがりの買い物客は、特に2人の店で足を止めて商品を眺めていました。この時代は法律によって服装が規制されているため、労働階級は上流階級のような衣服を着る余裕も権利もありませんが、まねすることはよくありました。「グアルダローバ（guardaroba）」は、2層の室内着と1枚の外套の計3枚で構成される衣装セットで、中産階級は1年に1セットを注文していました。その後、時代の流れや服の作りの変化に伴い、毎年新たなパーツを追加できるようになりました（取り外し可能な袖でさまざまな見た目を作り出せる）。さらに、富裕層は自分の地位を示すため、スカートの重ね着を許されていました（**図14.2**）。

この時代は、前側にレースを施した自然な形のバストラインから、「バスキーヌ」と呼ばれるボディスの土台を使った、より硬く構造的な（まるで彫刻のような）服装へと変化していきます。バスキーヌはコルセットの前身で、その目的はシルエット維持です。チェイニーは贅沢なテキスタイルを使ってモデルになるのを楽しんでいましたが、1日中きつく締め上げた紐をほどき、息がしやすくなるとホッとしました（**図14.3**）。

図14.2
Taliesin Jose

①カミーチャ ②ガムラ ③真珠の装飾 ④スラッシュとラフスリーブ ⑤下の生地を見せるために前を開く ⑥ピースコッド ダブレット ⑦ダチョウの羽根付き帽子 ⑧コッドピース ⑨分割されたトランクホーズ ⑩ホーズ ⑪フェロニエール（細い鎖などを頭部に巻いたアクセサリー）⑫ターバン ⑬重ねられたベール ⑭ラフ ⑮他のいくつかの袖のスタイル ⑯スペインのファージンゲール ⑰バスク ⑱チョピン

図14.3
Deena LaPrada

①カミーチャの袖を引っ張り出す ②取り外し可能な袖（結びつける）③ヘアカバー ④ハイコントラスト ⑤詳細な縞模様 ⑥冠のようなヘッドバンド ⑦リネンのカミーチャ（洗う）⑧ V ネックライン ⑨アウターガウン（洗わない）⑩厚底のチョピン ⑪スカートを泥から守る ⑫大人と同じような子どものドレス ⑬ファージンゲール ⑭知性を司るターバンスタイルの帽子 ⑮ショベル型に剃られた髭 ⑯男性は巻き髪 ⑰オスマン帝国の影響を受けた服 ⑱真珠をぶら下げる ⑲大きな袖口 ⑳たくさんの装飾 ㉑前部を重ねて閉じる ㉒パンツの上にスカートを履く ㉓スルタンパンツ ㉔チョピン ㉕ファッショナブルなスラッシュ入りダブレット ㉖ニット帽 ㉗開いたハンギングスリーブ ㉘ジョルネア ㉙装飾された財布が付いているベルト ㉚絹のブロケード ㉛タッセル（房飾り）㉜幅広でドーム型のつま先の靴 ㉝ブロンドヘアが流行 ㉞髪の毛を後ろにまとめる（髪を覆うものも流行）㉟襟は権威を示す ㊱絹と毛皮の帽子 ㊲ダブレット ㊳絹のオーバーコート ㊴コッドピース ㊵トランクホーズ

チェイニーの朝はまず「カミーチャ」「ガムラ」から始まり、「ジョルネア」を身につけます。そして袖を結び、肩の部分（袖の結び目）や膨らみの間から優雅な赤いカミーチャを引き出します。「赤」はとても人気の色でした。彼女はスペインからやって来た交易商に会い、カーマインの染料を調達すると、すぐに追加分の契約を結びました。

ぬかるんだ通りを歩くときは、歩くこと自体が芸術の域である「ショピーヌ」を履くこともありますが、快適な革靴のときは、できるだけスカートの中に隠していました。また、スペインのブーツ職人を雇い、泥対策としてヒールの高いブーツを作ってもらいましたが、高潔な女性には流行りませんでした（**図14.4**）。

図14.4
Gabrielle Navarro

①「スラッシュ」はこの時代でも人気があり、男女ともに袖やパンツをカットしていた ②チューダー フレンチフード ③豪華なジュエリー ④女性のドレスのレイヤーには、長袖のスモックのカミーチャ、それに続くガムラ、アウターチュニックのジョルネアがある ⑤通常のドレスには豪華な模様がある ⑥羽根付きの短い帽子 ⑦ほとんどの男性はハイカラーを着用 ⑧ピースコッドベリー ⑨コッドピース ⑩男性も女性もベルトを着用 ⑪ホーズ ⑫ジャーキン ⑬トランクホーズ ⑭ターバン ⑮ボディス ⑯取り外し可能な袖 ⑰チョピンと呼ばれる、とてもファッショナブルなハイヒールが流行。女性が街を歩くときに、ドレスが汚れないようにする ⑱女性はしばしば帽子やトリンザーレをかぶり、レンザで固定した ⑲優雅な時代には、男女ともに複雑な模様やブロケードを身につけ、リネンやシルク、ベルベット（裕福な人）を使った。ジュエリーもよく見られた

チェイニーの金髪は、「トリンザーレ（後頭部を覆う布製のキャップ）」の下で輝いています。彼女はこれを固定するために、宝石をあしらった細い糸（レンザ）を額にかけていました（**図14.5**）。

レイも頭の切れる商人として、豪華なブロケード用金属糸を生産する金細工職人を管理しています。そして余暇は音楽家たちと一緒に過ごしたり、古典芸術の再生を楽しんだりしていました。このように、ルネサンスを支えていたのは「復興と再生」でした。

レイの体格と姿勢は、見事なダブレットの魅力を十分引き出していました。彼のダブレットには短い「ペプラム」が付いていて、ボディスにはカミーチャの美しい赤い絹を見せるため「**スラッシュ***」が入っています。さらに組み合わせとして、膝丈の「ブリーチズ」とブロケード製の「ホーズ」を着用していました。レイは今日、新しい交易商人に会う予定です。袖なしの「ジャーキン」を着ることも考えましたが、いつもより涼しかったのでやめました。権力者や親しい人々が愛用したカラフルなチュニックと赤い帽子は、あまり見られなくなっていました。

図14.5
Eleanor Anderson

①トリンザーレ ②三つ編みを後ろに垂らす ③ローカット ネックライン ④真珠の首飾り ⑤ブロケード ⑥カーマインレッド ⑦ベルベット ⑧カミーチャ ⑨**オスマン帝国の影響を受けたターバン** ⑩**布地に織り込まれた真珠やその他の宝石** ⑪交換可能な袖 ⑫絹 ⑬ガムラ ⑭補強材 ⑮冠 ⑯ハイネックのラフ ⑰膨らんだ袖 ⑱糊付けしたリネン製のラフ ⑲胸を平らに固定するもの ⑳クジラの骨で作られる場合もある ㉑ボディス バスキーヌ ㉒クロッグの上にチョピンを履く ㉓バイザー ㉔ポールドロン（肩甲）㉕胸当て ㉖プレートアーマー ㉗オリーブオイルで髪をなでつける ㉘スラッシュとパフ ㉙Ｖ ウエストライン ㉚三つ編みのリボン ㉛ジャーキン ㉜ダチョウの羽根 ㉝ダブレット ㉞肩幅は広い ㉟ボタンを見せるためのピースコッドベリー ㊱トランクホーズ ㊲コッドピース ㊳ホーズ ㊴メダリオン ㊵ラフ ㊶ダブレットの上に重ねる ㊷革のソール付きタイツ

*ロンドンのビクトリア&アルバート博物館は、スラッシュを「衣服・帽子・靴などの布に均一な間隔で切り込みを入れた装飾技法」と定義しています。このようなファッションや流行は、「戦場で死んだ兵士の衣服を略奪したことから発展した」と読んだ記憶があります。傷んだ衣服に切り込みを入れ、そこから下着を引き出してさらに強調していました（**図14.6**）。

レイのカミーチャには、ファッションへの気遣いとして小さな「ラフ（ひだ襟）」が付いていました。

大陸の各地でずっと行なってきた交易のおかげで、2人は流行の最先端を行き、東はアジア、西はスペインとネーデルラントから技術・アイデアを取り入れていました。今では子会社が運航する船を2隻も所有しています。興味深いことに、その船長の男性も時間の影響を受けていないようでした。

図14.6
Breanna Guthrie

①オスマン帝国に着想を得た衣服 ②スルタンパンツ ③チョピン（厚底靴）④スラッシュ（切り込み）。装飾用に裏地などを見せるためのスリット ⑤四角いつま先のスリッパ ⑥ダブレット ⑦ダマスク柄の絹のコート ⑧コッドピース ⑨トランクホーズ（16世紀半ば～17世紀初めにかけて西洋の男性が着用。中に詰め物を入れて、ふくらませた半ズボン）⑩シャベルのような髭 ⑪パフスリーブ ⑫スラッシュからシャツを引っ張り出す ⑬冠の外観を模したヘッドバンド ⑭厚底のチョピン

図14.7
Kate McKee

①男性はパッド入りの丸い帽子をかぶる ②ジャーキン ③裾上げした半ズボン ④ホーズ ⑤トランクホーズ ⑥偶像化された巨大な肩の上半身、小さな下半身 ⑦ヘンリー8世は衣装に大きな影響を与えた ⑧毛皮は衣服の重要な部位になった ⑨プリーツのついたハンギングスリーブ ⑩ダブレット ⑪ダブレットの上に袖にないジャケットを着用 ⑫男性用のターバン ⑬ぴったりとしたボディスは前身頃が2つに分かれ、紐で締めて着付ける ⑭バスキーヌ ⑮女性のドレスにはスラッシュが入る ⑯泥から守るようにデザインされた ⑰チョピン ⑱カートルスカート（コタルディ）は肩にかける ⑲カミーチャ ⑳スルタンパンツ ㉑トランクホーズ ㉒スラッシュから引っ張り出したカミーチャ ㉓衣服にはスラッシュが入る ㉔コッドピース ㉕ホーズ ㉖ストレート（スクエア）ネックライン ㉗袖は紐で結び付ける ㉘ウエストラインは何世紀にも渡り下がっていった ㉙外衣 ㉚宝石のついたヘアバンドをかぶる ㉛ターバンはまだ流行っていた ㉜カミーチャはリネン製 ㉝アウタードレスはブロケード製（洗わない）。素材を糊付けして固める

今日は西から来た客を2名乗せ、荷馬車で北へ向かっています。彼らのシルエットはイタリアのぴったりしたダブレットと異なり、前側に詰め物が入っていました。あとでそれは「ピースコッドベリー」と呼ばれていることを知りました。ベルトの位置は低く、ガチョウの胸の形に見え、ジャケットの肩にも詰め物が入っていて、肩幅を強調するような力強い四角形を作っていました。

また、「トランクホーズ」としても知られる彼らのブリーチズには、ウエストから太ももにかけてチェック柄の布が張られ、膨らんでいました。「コッドピース」と呼ばれるその詰め物は、ゆったりしたブリーチズに比べてかなり目立ち、滑稽に感じられますが、強さの象徴として必要なのでしょう。服装に合わせた帽子はまるで冠のようで、片側に傾いているのが特徴です（**図14.7**）。

レイは西方で力関係が変わると、イタリア男性に受け入れられる外見も変わるだろうと思いました。そして、今行なっている金属糸や服飾品の取引が、ヨーロッパ交易におけるファッションの未来に何をもたらすかについて考えました。バロック時代は目前に迫っており、一儲けできる絶好の機会が訪れようとしていました（**図14.8 - 14.10**）。

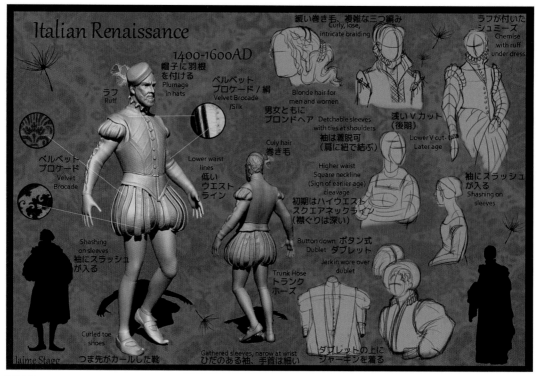

図14.8
Jaime Stagg

図14.9
Paulina Carlton

図14.10
Ryan Savas

①チュニック ②シュミーズ ③ブリーチズ ④革靴 ⑤ラフ ⑥ジャーキン ⑦毛皮のコート ⑧ダブレット ⑨コッドピース ⑩ホサ
⑪低い帽子 ⑫シュミーズ ⑬ボディス ⑭ドレス ⑮頭飾り ⑯ラフ ⑰マント（婦人用で短い）⑱ガウン

イタリア ルネサンスの用語

素材

- リネン
- 革
- ウール
    - 熱に強く撥水性
- 絹
    - 富裕層が着用
- ブロケード
    - 豪華で装飾的な織物。絹や金／銀を使用
- ダチョウの羽根
    - 帽子に付ける
- ベルベット
    - 黒は高級品
- 毛皮
    - ネックライン - 四角形。高いラフ（ひだ襟）、襟ぐりは深い
    - シルエット - 男性は上半身が膨らんで見える。タイトで畝模様があり、もこもこしたスラッシュ入りの袖が付く。大きな襟
- 色
    - ルネサンスのカラーパレット：「赤系」は鶏冠石・カーマイン。「青系」はアジュライト・ウルトラマリン・藍。「緑系」は緑青・緑土・クジャク石。「黄系」はネープルスイエロー・石黄・鉛すず。「茶系」はアンバー。「白系」は鉛白・石膏・ライムホワイト。「黒系」はカーボンブラック・骨炭

男性

衣服

- ・ホサ／ホーズ
  - ぴったりしている、革底の場合もある
- ・トランクホーズ
- ・コッドピース
  - 性器を守るための装飾された布
- ・カミーチャ／シュミーズ
- ・ピースコッドベリー
  - 一時的に人気があった衣服の下の詰め物、別名：グースベリー
- ・ダブレット
  - 男性用のぴったりしたボディス
- ・ジャーキン
  - 通常は袖なしのジャケット
- ・ジポン
  - ベルトで締めた膝上のチュニック

かぶり物／髪

- ・ターバン
  - 布を巻き付けたシャプロン

女性

衣服

- ・カミーチャ／シュミーズ
  - 薄いリネン製の白い下着。ゆったりしている
- ・ラフ（ひだ襟）
- ・ジョルネア - アウターチュニック
- ・カートルはまだ下層階級が着ている。タイトなスカートには紐が付いていることもある
- ・バスキーヌ - 中世のコートやサーコートから派生したもの。シャツの上にぴったりフィットした袖なしのボディスを着て、後ろを紐で締める
- ・フィレンツェのガムラ（ドレス）- camoraやzupaとしても知られている。これは1300～1500年代にかけて「ガウン」のことを指し、あらゆる階級の人々がさまざまな色彩の織物で着用した。この裏地のないドレスは単独で着ることができる（おそろいの袖を付けても付けなくてもよい）。1540年代に始まった
- ・ガウン／ドレス
  - ボディス（上半身の硬い部分）やバスキーヌ（胴衣）には、ぴったりした袖を付けられる
- ・外套（オーバーコート）
- ・マント
- ・裕福なら毛皮の裏地付き

かぶり物／髪

- ・冠 + ヘッドバンド
- ・ターバン

履物

- ・つま先が丸い
- ・ショピーヌ
  - 女性が着用。背の高い靴、履物の上に着用 - クロッグ（木靴）

15章

北方ルネサンス（西暦1500〜1600年）

Sandy Appleoff Lyons

北方ルネサンス

寒空の下で、冷たい空気は2人の吐息を凍らせます。政治権力と経済力は西方へと移ったので、それを追うというのがレイの判断でした。チェイニーは身震いしました。寒いのは平気ですが、衣服はどんどん扱いにくくなっていました。彼女はスカートをたくし上げ、雪が積もった運河沿いの通りに踏み出しました。新雪の降る中、貨物船の昇降機が静かな音をたてていました（**図15.1**）。

図15.1
Taliesin Jose

①レースのマルチピースボディス ②レースとベールが付いたフレンチフード ③ラフ ④真珠と宝石で飾られた貴金属 ⑤ベレー帽 ⑥ピースコッドベリー ⑦ダブレット（スラッシュとラフ付き）⑧コッドピース ⑨ジポン ⑩ホーズ ⑪エリザベス1世のような赤毛 ⑫長袖 ⑬**ファージンゲール**（スカートの下に履いて水平にふくらますための丸い輪）⑭付け襟（フォーリングカラー）⑮ジャーキン ⑯ボタン式のブリーチズ ⑰柔らかいブーツ（拍車付き）⑱**1500年代後半の帽子** ⑲ドイツの帽子（ヘアネットを付ける）⑳ベレー帽 ㉑**サポータスでラフを固定**

引き続き、「シュミーズ」が女性用の下着です。ぴったりしたボディスを付けたシュミーズの上にガウンを羽織ります。スカートは長くゆったりとしていて、ウエストから床まで広がり、後ろに引き裾をひきずることもよくありました。女性は1枚のドレスを着るか、2枚のドレスを重ね着していました。

図15.2左のように、外側のスカートは前で分割されたり、輪になったりして、内側のドレスの対照的なスカートをのぞかせます。アウターガウンの引き裾の裏地を見せるため、ウエストにボタンやピンで留めたり、上着が3層になったりすることもありました。四角形のネックラインやVネックもまだ残っていて、ウィングカラーのハイネックへと発展していきます。袖は腕にぴったりフィットする細いもの、対照的な裏地の付いた漏斗状の広いもの、垂らしたもの（ハンギングスリーブ）などがありました。

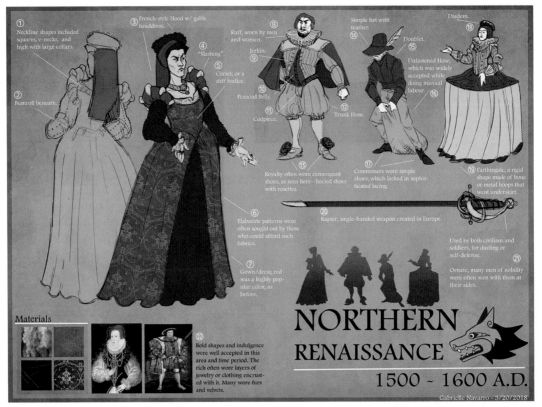

図15.2
Gabrielle Navarro

①ネックラインの形には、正方形、Vネック、そして大きな襟付きのハイネックがある ②下にバムロール ③ゲーブルの頭飾りが付いたフレンチスタイルのフード ④スラッシュ入り ⑤コルセット、または硬いボディス ⑥精巧なパターンは、生地を買う余裕のある人々に見られた ⑦ガウン／ドレス、赤はこれまでと同様に人気色 ⑧ラフ、男性と女性が着用 ⑨ジャーキン ⑩ピースコッドベリー ⑪コッドピース ⑫トランクホーズ ⑬王族はしばしば贅沢な靴を履いていた - バラ飾りの付いたかかとのある靴 ⑭羽根付きのシンプルな帽子 ⑮ダブレット ⑯肉体労働者に広く受け入れられていた結びついていないホーズ ⑰庶民は上品な紐のないシンプルな靴を履いた ⑱ダイアデム ⑲ファージンゲール：アンダースカート。骨や金属のフープで作られた硬い形状 ⑳レイピア：ヨーロッパで作成された片手武器 ㉑決闘や護身術のために市民や兵士が使用。華麗な装飾品としても、多くの貴族男性が所持した ㉒この時代のこの地域では、大胆な形と贅沢さが広く受け入れられていた。お金持ちは宝石や衣服を何重にもし、毛皮やベルベットを身につける人も多かった

フランスはイタリアを侵略して内政干渉したため、イタリアの思想や様式、そして多くの芸術家は西方に移りました。これがイタリア ルネサンスの終焉と考えられています。このときにチェイニーとレイも、さらに北西へと向かうことを決意しました。

スペインは黄金時代を迎え、豊かな大国になっていました。ネーデルラント（現在のベルギー、オランダ、ルクセンブルク）一帯はスペインの統治下にあり、チェイニーとレイの住まいもありました。そこでは貿易港が繁栄しており、この時代のファッションをけん引したレース取引の拠点になっていました。レースが大好きなチェイニーにとって、引っ越しは絶好のタイミングであり、イタリア時代の織物業と相まって、レースは優れた事業になりました。ネーデルラントでは、織物の代理業者であるドレイパーズギルドと主に男性中心としたグループが、織物貿易の大半を支配していました。

同じ通りに住んでいる隣人は、ドレイパーズギルドを管理する理事たちの絵画を依頼されていました。彼の名前はレンブラントといいました（絵画「織物商組合の幹部たち／Syndics of the Drapers' Guild」を参照）。

---

*ニードルレースとボビンレースの急速な発展が本格的に始まったのは16世紀初頭、現在のベネチアとミラノ地域、そして北ヨーロッパのフランドル地方（現在のベルギー、オランダの一部も入る）です。フランドル産の極細のリネン糸、中国から輸入した絹糸・金糸・銀糸を使って、繊細なレースが作られました。レースの生産に木綿を使い始めたのは、1830年頃です（**図15.3**）。*

図15.3
Brittany Rolstad

①ダチョウの羽根 ②フレンチボネ ③ダブレット ④ラフカラー ⑤ピースコッドベリー ⑥左右非対称のケープ ⑦コッドピース ⑧pecadils（腰の下にある小さな正方形のフラップの列）⑨ホーズ ⑩革靴 ⑪ハイカラー ⑫バラ飾り ⑬コイフ ⑭シュミーズ ⑮スラッシュ ⑯ラフ ⑰真珠 ⑱ストマッカー（V字型のパネル状胸衣）⑲コンチ ⑳ベール ㉑レースの袖 ㉒スペインのファージンゲール ㉓フランスのファージンゲール ㉔コルセット ㉕バムロール ㉖チョピン

2人はイタリアの生産拠点に向けて、レース用の売れ筋商品を調達していました。チェイニーは主にフランドル地方のリネン糸の生産者と取引し、レイは東洋から入ってくる金糸や銀糸に関わっています。こうして、大流行していた「ウィスク」「付け襟（フォーリングカラー）」に使われていた硬いレースの生産を開始したのです。オランダでは大型のラフも好まれていましたが、チェイニーは頭部よりも大きい輪の形をした布を見るたびに、くすくすと笑ってしまいました（図15.4）。

さらに首元を取り囲む「輪の形」を讃えるかのように、多くの女性はフランスの「ファージンゲール（フープ、腰枠）」でスカートを広げていました（その繰り返されるフォームは非常に目立っていました）。しかし、チェイニーがスカートで好んだのは、自然な円錐形の保守的なものでした。なぜなら、その方が座るときや敷居をまたぐときに実用的だったからです（図15.5）。

> *シルエットが最初に変化したのは最初の四半世紀、スペインのファージンゲールでした。太鼓のようなフランスのファージンゲールから円錐形になり、バムロール（ドーナツ状の腰当て）が付いていました。*

スペインの影響により、ラフのサイズは格段に大きくなります。あまりにも大きくなったため、「サポータス」というフレームで支える必要がありました。これは、後の時代のフランス王妃 カトリーヌ・ド・メディシスにも見られます。また「ウィスク」の形やプロポーションも新しくなりました（図15.6）。

図15.4
Paulina Carlton

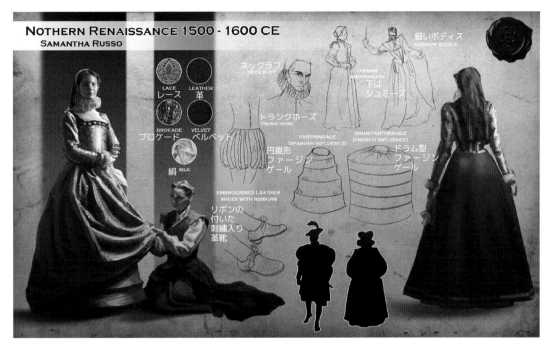

図15.5
Samantha Russo

図15.6
Miranda Crowell

①ガウン ②シュミーズ ③ファージンゲール（下に付ける）④コルセット ⑤マトンスリーブ（ヒツジの脚のような形）
⑥シルエット ⑦ジュエリーでアクセントをつける ⑧ダブレット ⑨ホーズ ⑩外套 ⑪コッドピース ⑫ウィスク ⑬ラフ
⑭羽毛の扇 ⑮ダックビルシューズ ⑯パンプキン（かぼちゃ型）トランクホーズ

チェイニーはフードをかぶって、「コイフ」と「コンチ」を覆い、波止場の方へ向かいました。そろそろ積み荷が降ろされる頃なので、検品の前にレイを見つけようと思ったのです。

髪を覆う最も重要なものの1つが、白いリネンや装飾的な織物で作られた帽子「コイフ」です。ヘアコイフの形は丸いものからハート形（切妻屋根の形）までさまざまでした。彼女が着けているベールは「コンチ」と呼ばれ、頭につけたり、肩につけたりしていました。長いものは床に届くこともありました（図 15.7）。

東インド会社の3本マストの商船は、寒空に映えて印象的な光景を作り出していました。波止場の賑わいの中心には、革のジャーキンやブリーチズを身につけ、袖をまくり上げた男たちがいます。寒さは感じていないいようでした。彼らはさまざまな大陸の装飾を付けた庶民的な服装で、腰にはカットラス（剣）を差していますが、熟練チームのような動きで船から積み荷を降ろしていました（図15.8）。

レイと大商人は、群衆の中でひときわ目立っていました。大商人はピースコッドベリーとかぼちゃのようなトランクホーズを履いた面白いシルエットです。リネンシャツの上にダブレットとラフを着ており、それに合わせた高級な革手袋、つややかなバックルシューズを履いています。そして、東インド貿易会社のエンブレムが付いた光沢のある「レイピア」を腰に差していました。チェイニーが近づくと彼は帽子を持ち上げ、頭を下げました（図15.9）。

男性のシャツはリネン製で、刺繍・カットワーク・付け襟・ラフなどが施された円形または四角形のネックラインをしていました。

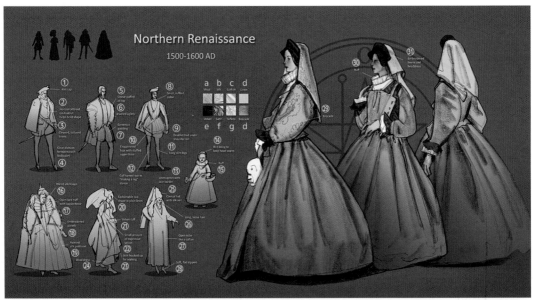

図15.7
Andrew Tran

①ニット帽 ②ダブレットの水平編組は形を保持するのに役立つ ③清潔で仕立てられたリネン ④体の各部位は明確に分かれている ⑤袖の上が膨らんでいる ⑥宝石で飾られた飾緒 ⑦大きな詰め物 ⑧小さなラフ ⑨ショルダーロールの下に結ばれたダブレット ⑩ホーズの上に詰めものを入れて腰を強調 ⑪細長い脚 ⑫ふくらはぎは脚のスタンスを作る ⑬レースボーダーのリネンエプロン ⑭頭を暖かく保つ赤い裏地 ⑮ラフ ⑯ワイヤー付き絹のフープ ⑰レースのラフを開く（サポータスで固定する）⑱刺繍入りの布 ⑲色付けされた絹のペチコート ⑳無地のリネンで作られた流行の帽子の形 ㉑ベルベットの袖口 ㉒高価なベルベットを少し使用 ㉓歩くために裾上げしたスカート ㉔ウールのドレス ㉕絹のベールがついた円錐形の帽子 ㉖緩いロングヘア ㉗カーテンのようなローブ ㉘柔らかい平らなスリッパ ㉙ブロケード ㉚ラフ ㉛装飾されたリネンと頭飾り
a: ウール　b: 絹　c: コットン　d: リネン　e: ベルベット　f: サテン　g: タフタ　h: ブロケード

ゲームの衣装デザイン

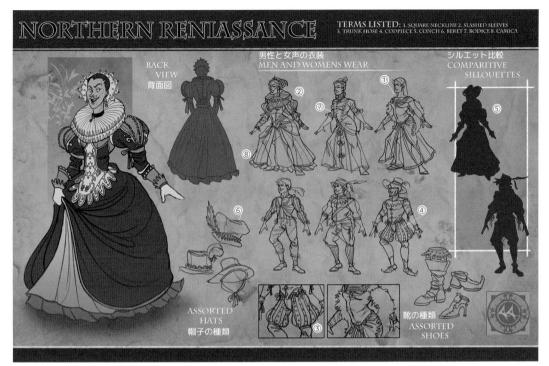

図15.8
Amber Ansdell

①スクエアネックライン ②スラッシュの入った袖 ③トランクホーズ ④コッドピース ⑤巻き貝の形 ⑥ベレー帽 ⑦ボディス ⑧カミーチャ

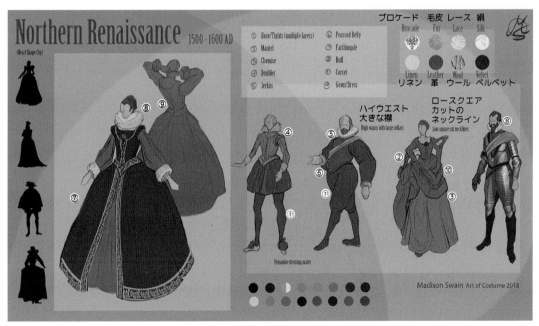

図15.9
Madison Swain

①ホーズ / タイツ（複数の層） ②マント ③シュミーズ ④ダブレット ⑤ジャーキン ⑥ピースコッドベリー ⑦ファージンゲール ⑧ラフ ⑨コルセット ⑩ガウン／ドレス

この時代はヘンリー8世の「ピースコッドベリー」が流行しました。レイは大商人と意見を交わし、書類を手に箱を指さしながら激しくジェスチャーしていたため、チェイニーにほとんど注意を払いませんでした。

レイは「ジャーキン」とお揃いの「ブリーチズ」（脚に沿ってボタンのついたもの）を身につけ、勇ましく見えます。生地に織り込まれた銀糸は光を反射し、マントの上から出た「付け襟（フォーリングカラー）」は風に揺れ、肩から浮いているようでした。ジャーキンの下の「ダブレット」に入ったスラッシュからは、イタリアにいた頃を彷彿とさせる絹の肌着の1枚がのぞいていました（図15.10）。

履き口の広い太ももの高さのブーツは、まるでブリーチズから出ている大きなレースの聖杯のようでした。

図15.10
Dylan Pock

①カミーチャ ②鎧には模様が彫られ、体に合わせた ③銃 ④火薬を吊るしていた ⑤羽根付き帽子 ⑥ジャーキン ⑦レースのものもある ⑧二重のラフ ⑨ウィスク ⑩ボディス ⑪Ｖライン ⑫エッジに飾りのついたマント ⑬すべての衣装の下に履く ⑭タイツ ⑮レイピア ⑯クジラの骨のフープ ⑰Ｖ字になるようにウエストラインを下げる ⑱バムロール（腰を強調）⑲ファージンゲール

図15.11
Sebastian Kings

①典型的なマットブラックではなく、反射装甲仕上げ ②キュイラス ③ガチョウの羽飾り ④ダブレット（男性用ボディス）⑤スラッシュの入ったパンプキンホーズ ⑥ドレスはＶネック ⑦ドレスの下にシュミーズを着る ⑧ファージンゲール ⑨拍車 ⑩ヒール付き乗馬用ブーツ ⑪スラッシュの入った袖 ⑫スクエア ネックライン ⑬ボディス ⑭ドレスの下にバムロールを付ける ⑮ポーランド・リトアニア共和国の騎兵（フサリア）は羽飾りを背負った（1569-1795）

ブーツには革の「ラペット」と「拍車」が付いていますが、レイはほとんど馬に乗らなかったため、少しやり過ぎだと思いました。サッシュを巻いてジャーキンを着た姿は、ほぼ黒い服装のオランダ人の中でひときわ目立っていました（図15.11）。チェイニーはレイの顔をもう1度見て、今は良いタイミングでないことを察したので（普段のレイは落ち着いた和やかな表情です）、午前の商談へ向かうことにしました。

2人の不死者の物語は、この先も紡がれていくことでしょう。（図15.12、15.13）。

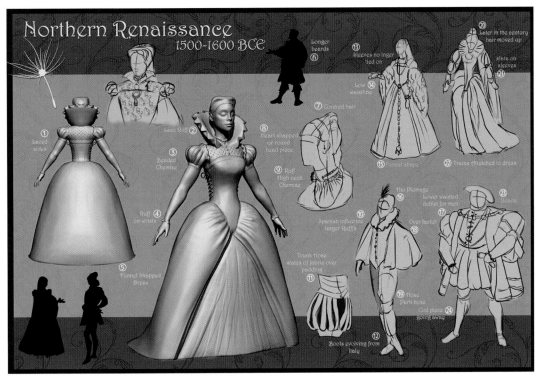

図15.12
Jaime Stagg

①レースの背面 ②レースラフ ③ビーズをあしらったシュミーズ ④手首のラフ ⑤漏斗型のドレス ⑥長い顎髭 ⑦覆われた髪 ⑧ハート型／丸型の頭飾り ⑨ラフハイネックのシュミーズ ⑩大きなラフはスペインの影響 ⑪トランクホーズ（詰め物の上に布を重ねる）⑫イタリアのものから進化したブーツ ⑬袖はもう結ばれていない ⑭ローウエスト ⑮漏斗型 ⑯平たい鳥の羽根 ⑰男性のダブレットはローウエスト ⑱オーバージャケット ⑲ホーズ／パーティホーズ ⑳後期は髪を上げた ㉑スラッシュ入りの袖 ㉒引き裾は平ら ㉓ビーズ ㉔コッドピースを付けなくなる

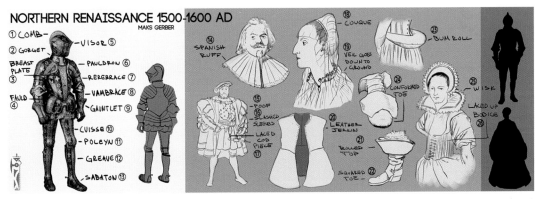

図15.13
Max Gerber

①とさか ②ゴルゲット ③胸当て ④フォールド（腰当て）⑤バイザー ⑥ポールドロン（肩甲）⑦リアブレイス（上腕当て）⑧ヴァンブレイス（前腕当て）⑨ガントレット（籠手）⑩クウィス（もも当て）⑪ポレイン（膝当て）⑫グリーブ（すね当て）⑬サバトン（鉄靴）⑭スペインのラフ ⑮もこもこしている ⑯スラッシュ入りの袖 ⑰レースのコッドピース ⑱頭飾り ⑲ベールは地面に垂れる ⑳革のジャーキン ㉑上部は広がっている ㉒つま先の側面は四角い ㉓バムロール（ドーナツ状の腰当て）㉔つま先にフィット ㉕ウィスク ㉖編み込まれたボディス

北方ルネサンスの用語

素材

- リネン
- レース
- 革
- ウール
  - 熱に強く撥水性
- 絹
  - 富裕層が着用
- ブロケード
  - 繊細で装飾的な織り目
  - 絹や金銀を使用
- ダチョウの羽根
  - 帽子に付ける
- ベルベット
  - 黒は最高級
- 毛皮
  - ガウンの袖などに使用
- ネックライン
  - 四角形
  - Vネック
  - ハイネック、大きな襟
- シルエット
  - タイトで隆起があり、もこもこしたスラッシュ入りの袖が付く
  - 大きな襟
  - 強調された腰
  - マトンスリーブ（ラッパ型）
  - 大きく四角いシルエット
- 色
  - 赤はとても人気がある
  ルネサンスのカラーパレット：「赤系」は鶏冠石・カーマイン。「青系」はアジュライト・ウルトラマリン・藍。「緑系」は緑青・緑土・クジャク石。「黄系」はネープルスイエロー・石黄・鉛すず。「茶系」はアンバー。「白系」は鉛白・石膏・ライムホワイト。「黒系」はカーボンブラック・骨炭

男性
衣服

- ストッキング／ホサ／ホーズ
  - タイツ
  - 多層
- トランクホーズ
  - 風船のようなブリーチズ
  - かぼちゃのようなホーズ
  - 詰め物（ピースコッドベリー）で膨らみがある
- コッドピース
  - トランクホーズの上に着用する三角形の布

- ・カミーチャ／シュミーズ
- ・ピースコッドベリー
  - – 一時的に人気があった
  - – 衣服の下の詰め物、別名「グースベリー」
  - – 馬毛／リネン
- ・ダブレット
  - – ボディスの男性版（きつい、硬い）
- ・ジャーキン
  - – 通常は袖なしのジャケット
- ・ジポン
  - – ベルトで締めた膝上のチュニック
- ・ラフ（ひだ襟）
  - – 男性用は最終的に糊で固めなくなる

かぶり物／髪

- ・ターバン
- ・羽根飾りの付いた低い帽子
- ・冠のような低い帽子（ベレー）

女性

衣服

- ・カミーチャ／シュミーズ
  - – 薄いリネン製の白い下着
  - – ゆったりしている
  - – ラフ（ひだ襟）を付けることもある
- ・ファージンゲール
  - – 硬い円錐形のアンダースカート
  - – 鯨の骨や金属製のフープ
  - – ドラムロール形（フランス）
  - – 円錐形（スペイン）
- ・カートル／アンダースカート／ペチコート
  - – アンダースカートも凝っている
  - – 紐が付いていることもある
  - – ぴったりした袖
- ・バムロール
  - – ドレスの下に入れる詰め物
- ・ガウン／ドレス
  - – ボディス（上半身の硬い部分）
  - – 大きくて、毛皮の裏地付き
  - – 着脱可能な袖
- ・コルセット
  - – きついボディス
  - – この時期は襟ぐりの深いV字形
- ・外套
  - – マント
  - – 裕福なら毛皮の裏地付き

- ラフ（ひだ襟）
  - レースを使用
  - サポータス（骨組み）
- ウィスク
  - 硬く糊付けしたレース
  - ハート型

かぶり物／髪

＊女性の髪は大抵覆われている＊

- 冠＋ヘッドバンド（コンチ）
  - 丸いハート型とベール
  - 髪の毛は高く盛る
- ターバン
- ベール
- コイフ
  - 頭に三つ編みを巻く

履物

- つま先が丸い
- ショピーヌ（女性用）
- 厚底の靴、履物の上に履く
- クロッグ（木靴）

索引

ゲームの衣装デザイン

歴史・文化から物語をつくる

COSTUME DESIGN FOR VIDEO GAMES 日本語版

2022年1月25日初版発行

著　　　者　Sandy Appleoff Lyons
翻　　　訳　河野 敦子、株式会社スタジオリズ
発　行　人　村上 徹
編　　　集　高木 了
発　　　行　株式会社ボーンデジタル
　　　　　　〒102-0074
　　　　　　東京都千代田区九段南 1-5-5
　　　　　　九段サウスサイドスクエア
　　　　　　Tel: 03-5215-8671　Fax: 03-5215-8667
　　　　　　www.borndigital.co.jp/book/
　　　　　　E-mail: info@borndigital.co.jp

レイアウト　株式会社スタジオリズ
印刷・製本　株式会社大丸グラフィックス

ISBN 978-4-86246-520-7
Printed in Japan